LE
VITALISME

ET

L'ANIMISME DE STAHL

PAR

ALBERT LEMOINE

Maître de conférences à l'École normale supérieure.

PARIS

GERMER BAILLIÈRE, LIBRAIRE-ÉDITEUR

Rue de l'École-de-Médecine, 17.

Londres	New-York
Hipp. Baillière, 219, Regent street.	Baillière brothers, 440, Broadway

MADRID: C. BAILLY-BAILLIÈRE, PLAZA DEL PRINCIPE ALFONSO, 16.

1864

AVANT-PROPOS

Après les luttes brillantes sur la nature de la vie, qui avaient divisé comme en deux camps ennemis la médecine française, cette question fondamentale de la physiologie parut un instant tombée dans l'oubli. Vers 1855 régnait un grand silence, à peine interrompu par quelques brochures sans éclat et sans nouveauté, comme si les adversaires épuisés avaient renoncé à produire de nouveaux arguments, soit pour l'attaque, soit pour la défense, ou senti le besoin de recueillir leurs forces dans le repos et le travail de la solitude. La philosophie qui, depuis la fin du XVIIe siècle et surtout depuis le commencement du XIXe, s'était toujours tenue trop éloignée des études physiologiques, semblait être plus indifférente que jamais à la querelle assoupie des écoles de Paris et de Montpellier, de l'*organicisme* et du *vitalisme*. Personne n'élevait la voix dans ses rangs pour défendre ou pour combattre ou même pour faire connaître l'*animisme*, relégué, malgré le nom immortel d'Aristote et le nom glorieux de Stahl, dans la poussière de l'histoire.

C'est à cette époque que, la direction de certains travaux personnels m'ayant amené à lire les œuvres de Stahl et à étudier sa doctrine, la difficulté que je rencontrai dans cette lecture et l'intérêt que je pris à cette étude me firent penser que ce serait une œuvre utile, et pour les physiologistes qui croient volontiers que Stahl n'est qu'un philosophe rêveur, et pour les philosophes qui ne voient guère en lui qu'un médecin à système, de rendre la connaissance de sa doctrine plus facile et plus populaire par une exposition fidèle et lucide qui dispenserait les uns et les autres d'un labeur ingrat.

L'Académie des sciences morales et politiques jugea sans doute que ce travail n'était dénué ni d'intérêt ni d'utilité, puisqu'elle voulut bien, malgré sa longueur, en entendre la lecture et l'insérer dans le compte rendu de ses séances.

La preuve éclatante que je ne m'étais point exagéré ni l'importance de la question de la vie, ni la valeur du système oublié de Stahl, ni l'utilité d'une exposition critique de ce système, c'est que peu de temps après, la question de la vie renaissait avec un nouvel éclat, et figurait dans l'ordre du jour des académies et des sociétés savantes; c'est que toutes les sciences s'en emparaient, la philosophie comme la physiologie, et la chimie comme la médecine; c'est qu'on entreprenait la traduction et la publication des œuvres complètes de Stahl; c'est que de nombreux ouvrages paraissaient de tous les points de la France sur la vie, sa nature et son principe; c'est que l'animisme de Stahl était ressuscité par les uns et de nouveau combattu par les autres; c'est que de ces ouvrages quelques-uns étaient directement suscités par le mémoire lu à l'Académie.

Aujourd'hui donc que les belles expériences de M. Pasteur attirent l'attention des savants et du public sur la question des générations spontanées, que les livres de MM. Darwin, Ch. Lyell, H. Spencer, Büchner, font plus ou moins sortir la vie et tous les vivants de la matière brute, que toutes les hypothèses les plus différentes et les plus hardies renaissent comme aux plus beaux temps des *chimiatres* et des *iatromécaniciens*, que l'animisme se rajeunit, que Montpellier se réveille, que l'*organicisme* parisien retrempe ses forces dans le *positivisme*, j'ai quelque raison de penser que cette étude sur Stahl et l'animisme n'a rien perdu de son intérêt et de son utilité, qu'elle est au contraire devenue plus opportune et qu'elle peut sortir, rajeunie elle-même dans plusieurs de ses parties, des annales de l'Académie, pour être offerte au public et prendre place dans la *Bibliothèque de philosophie contemporaine*.

LE
VITALISME ET L'ANIMISME

DE STAHL

CHAPITRE PREMIER

LE PROBLÈME DE LA VIE ; RÉSUMÉ DE SON HISTOIRE.

Trois principales solutions du problème. Le mécanisme et l'animisme
dans l'antiquité, au moyen-âge, dans les temps modernes. L'âme
des physiciens d'Ionie, l'atomisme de Démocrite, les âmes nutritive, sensitive, raisonnable de Platon, d'Aristote, de Galien, des
Stoïciens, de la Scolastique, de Saint-Thomas. Le mécanisme de
Descartes, la chimiatrie de Willis, le dynamisme de Leibnitz et
Hoffmann. Le mysticisme médical de Paracelse, les archées de
Van Helmont. L'animisme de Stahl. Le double dynamisme de Montpellier, l'organicisme de Paris. Le mécanisme, l'animisme, le
vitalisme contemporains.

« Les minéraux sont, les végétaux vivent, les animaux sentent. » La matière brute dure sans organisation et sans vie, le simple vivant végète sans pensée ni
sentiment ; mais le sentiment et la pensée supposent et
enveloppent la vie, comme la vie est entée sur l'existence nue de la matière. Quelque définition que l'on
donne de la vie, elle est donc une forme de l'existence
commune aux végétaux, aux animaux et à l'homme.

D'où vient la vie ? Quel en est le principe ? Au milieu

des innombrables hypothèses proposées de tout temps pour résoudre ce problème capital de la physiologie, il semble d'abord qu'on ne puisse se diriger et se reconnaître ; mais un examen plus attentif fait bientôt distinguer trois grands systèmes principaux.

Le premier fait de la vie un résultat plus compliqué des forces de la mécanique, de la physique ou de la chimie : si différents que soient les phénomènes vitaux, ils n'ont pas une autre origine que les phénomènes qui s'accomplissent dans les êtres organisés ; ce sont les mêmes forces qui précipitent les corps les uns vers les autres et qui organisent et font vivre la matière.

Le second cherche la raison de la vie ailleurs que dans la matière et ses forces brutales ; il la place dans un principe supérieur et intelligent, de quelque nom qu'on l'appelle, qui est à la fois le principe de la vie et de la mort, parce qu'il anime le corps ou s'en retire, le gouverne ou l'abandonne.

Ces deux hypothèses sont essentiellement opposées.

Le troisième système diffère également des deux premiers, mais il peut, selon les doctrines particulières, se rapprocher davantage de l'un ou de l'autre. Selon lui, la vie ne résulte ni des lois ordinaires de la mécanique ou de la chimie, ni de l'âme intelligente.

L'histoire nous présente ces trois grands systèmes et il semble même que la raison ne puisse en enfanter d'autres. Comme il arrive toujours, parce que la raison humaine commence par se porter aux extrêmes, les deux premiers systèmes s'offrent seuls et longtemps avant le troisième dans l'antiquité.

Tous deux se confondent dans les genèses obscures des physiciens de l'école d'Ionie, qui font sortir, comme toutes choses, la vie et les vivants de l'eau, de l'air ou du feu, qui, d'autre part, appellent l'âme le principe de la vie, mais pour qui l'âme n'est elle-même que l'eau, l'air ou le feu, depuis Thalès jusqu'à Héraclite et même jusqu'à Empédocle et Anaxagore.

Ce n'est que plus tard qu'ils se distinguent nettement et qu'ils s'opposent. Le premier système est le fond de l'atomisme de Démocrite. Les physiciens atomistes ne reconnaissent autre chose que la matière brute, dont les éléments, grâce à leurs figures, s'attachent les uns aux autres et forment, suivant le hasard, les combinaisons les plus diverses, les corps irréguliers et inorganisés, les corps organisés et vivants, les animaux qui sentent, les hommes raisonnables et libres.

Le second système est représenté dans l'antiquité par un grand nombre de philosophes et de médecins célèbres, particulièrement par Platon, par Aristote, par Galien, et, en général, par cette tendance du panthéisme païen à diviniser ou à personnifier tout au moins les forces de la nature. Tous attribuent, sans différence essentielle, la vie à des âmes végétatives pour les plantes, sensitives pour les animaux et raisonnables pour les hommes. Ils admettent que ces âmes non-seulement président aux fonctions de la vie, mais construisent aussi le corps et ses organes. Peu importe qu'une même âme, seulement végétative dans les plantes, soit en outre sensible chez les animaux et devienne encore raisonnable chez les hommes, comme semblent le vouloir

Aristote et les stoïciens, ou qu'à l'âme végétative des plantes s'ajoute chez les animaux une seconde âme sensible, et à toutes deux chez l'homme une troisième âme raisonnable, comme le veut Galien.

Au moyen âge, la philosophie scolastique, inspirée par l'antiquité et par une religion spiritualiste, peupla le monde d'esprits de toutes sortes, êtres de raison et de fantaisie, créés à l'image de Dieu, intelligents comme lui, comme lui incorporels, causes mystérieuses de tous les phénomènes dont les forces aveugles de la matière ne paraissaient pas capables de produire les merveilles. Képler subissait encore l'influence de la scolastique, lorsqu'il donnait aux planètes une âme directrice pour les conduire dans l'espace suivant des courbes savantes, sans heurter les astres qui fournissaient d'autres carrières, sans troubler l'harmonie réglée par le divin géomètre. Dans les siècles les plus voisins du nôtre, tout comme dans les plus reculés, des philosophes aux abois, poëtes ou mystiques, créaient pour le besoin du moment des natures plastiques présidant à la génération et à toutes les fonctions des organes. Ils faisaient le Dieu des chrétiens semblable à ce Dieu de l'orient qui ne manque pas de grandeur, mais qui se repose éternellement dans une immobilité majestueuse et indifférente, qui craint de souiller ses mains au contact de ses créatures et au gouvernement de l'univers, qui donne l'être à des Dieux inférieurs, ouvriers du monde, chargés de diviser la matière pour en faire les astres, de la pétrir pour l'organiser, de la subtiliser pour en former les âmes humaines, enfin, de mettre en mouvement tous les rouages de la machine et de veiller chacun à la conservation de quelque partie du tout.

Toutefois, on peut dire que les anciens philosophes sont trop peu savants, que ces âmes ne sont le plus souvent pour eux que de pures fictions, tout au plus des causes occultes. Au moyen âge même, les sciences naturelles et physiologiques n'avaient pas fait assez de progrès pour que ces doctrines générales sur le principe de la vie pussent se produire avec quelque autorité scientifique. Il faut attendre jusqu'à la fin du xvie ou jusqu'au xviie siècle. Saint Thomas lui-même ne fait autre chose que de reproduire, en l'accommodant tant bien que mal au christianisme, la doctrine d'Aristote.

Le premier système n'est plus alors proposé seulement par les matérialistes, mais aussi et surtout par les médecins et les philosophes les mieux convaincus de la spiritualité de l'âme, et par cela même qu'ils la distinguent et la séparent trop bien du corps. Plusieurs influences différentes ont contribué à répandre ce système au xviie siècle ; en première ligne les principes et les définitions de la philosophie cartésienne, en second lieu les découvertes et les progrès récents de l'anatomie et de la chimie.

Descartes lui-même peut être regardé comme le chef d'une école de médecins qu'on appelle *mécaniciens* ou *iatromécaniciens*. Sa matière subtile, ses atomes, ses tourbillons, ses définitions métaphysiques de l'âme, chose qui pense, et de là matière, chose étendue, ses lois du mouvement ont servi de base à sa propre théorie médicale et en général à toute la médecine mécanique. Son fœtus se forme comme toute sa terre et toutes ses planètes, comme tous ses tourbillons, mécaniquement; aucun principe supérieur et intelligent n'intervient dans cette formation; les lois de la mécanique y suffisent. Comment en serait-il autrement? Quelle force intelligente agirait sur la matière, l'étendue et la pensée n'ayant aucun rapport, aucun point de contact? Quelle puissance pourrait jaillir de la matière elle-même, quand il n'existe en elle aucune force, mais seulement des modifications toutes passives? De plus, la découverte d'Harvey, rendue publique en 1628, avait produit sur les savants le même effet que produit infailliblement sur l'esprit humain toute invention nouvelle : ils trouvaient les principes de toutes les maladies dans un vice de la circulation, et faisaient du corps humain une machine hydraulique, fonctionnant suivant les lois de l'hydrostatique et de la mécanique. La vie ne fut plus qu'un mécanisme.

Les *mathématiciens* et les *dynamistes* se rattachent aux mécaniciens, comme Leibnitz et son *Harmonie préétablie* à Descartes et à ses principes.

D'autres, toujours sous l'influence de la physique cartésienne et de ces mêmes définitions métaphysiques de l'âme et de la matière, et enivrés en même temps des récents progrès de la chimie, faisaient du corps humain une vaste cornue où les substances étrangères se combinent et se séparent. La vie n'est plus pour ceux-ci qu'une combinaison chimique. Ce sont les *introchimistes* ou *chimiatres*.

Il n'est pas un grand esprit parmi les médecins du

XVIIᵉ siècle qui ne suive de plus près ou de plus loin la
bannière de Descartes, quelque préférence particulière
que chacun puisse avoir pour la mécanique ou la chimie.

Parmi les *chimiatres,* ce sont Sylvius et Willis.

Parmi les *mécaniciens, mathématiciens, dynamistes, soli-
distes,* Harvey, Sanctorius, Borelli, Boerhaave, Ber-
nouilli, Fr. Hoffmann.

En somme, les mécaniciens et les chimistes suppri-
ment dans la matière organisée la vie et l'organisation.
Un peu plus de mouvements dans un corps ou des mouvements plus savants et plus compliqués, quelques substances de plus ou quelques combinaisons nouvelles de
ces substances en doses plus savantes; voilà qui doit
suffire à élever un minéral à la dignité de végétal, la
matière brute à la condition de corps organisé et vivant.
Un peu plus de mouvements encore ou un peu plus de
combinaisons chimiques, et voilà le corps devenu tout
d'un coup celui d'un animal.

Le second système est représenté dans les temps
modernes par des philosophes d'une tout autre école,
par des mystiques comme Paracelse, Robert Fludd, Van
Helmont, et par un médecin savant et sérieux, par Stahl.
Si la philosophie exerça au XVIIᵉ siècle une influence
générale et manifeste sur la médecine, l'union était
encore plus étroite au XVIᵉ siècle entre ces deux sciences. Paracelse ne les distingue pas, non plus que Fludd
et Van Helmont; aussi leur médecine est-elle toute
mystique comme leur philosophie.

Selon Paracelse, les corps sont formés de principes
immatériels. L'homme est composé d'un corps, d'un

esprit intelligent et d'une âme sensible, sans compter tous les éléments immatériels à l'aide desquels l'esprit produit le corps et y manifeste ses merveilles. La vie a son principe particulier dans un être intermédiaire, distinct à la fois du corps et de l'esprit.

Selon Fludd, il y a trois âmes dans l'homme, l'une intellectuelle, l'autre vitale, la dernière sensible, cause de la nutrition et de la reproduction ; les animaux, les végétaux, les minéraux mêmes ont aussi des âmes, mais de moins en moins nobles et de moins en moins nombreuses.

Après avoir étudié avec l'ardeur patiente d'une saine méthode la médecine et la chirurgie, Van Helmont abandonna les lentes études et les médications empiriques pour chercher une science plus prompte et plus complète dans les rêveries de l'illuminisme et les chimériques opérations de l'alchimie. Ce fut un de ces hommes à l'imagination ardente, que le mystère attire, que séduit tout ce qui est merveilleux ; impatient de savoir, plein de foi et de superstition, il préfère l'hypothèse et l'erreur au doute et à l'ignorance. Il méprise tout ce qui est simple et naturel ; il aspire à tout ce qui est surnaturel et extraordinaire. Son esprit est si plein de Dieu, si convaincu de sa perfection et de sa supériorité sur l'univers, qu'il ne saurait imaginer assez de créatures intermédiaires pour le séparer du monde corporel et épargner au créateur d'avilir sa grandeur et sa puissance à la formation de la matière ; il prend les visions qu'enfante son imagination préoccupée pour des révélations du ciel. Ce fut cependant un grand esprit, dont les écarts ne doivent pas faire méconnaître les qualités, dont les extravagances ne détruisent pas les nobles aspirations. Ce fut un de ces hommes à qui la chimie doit de nombreuses découvertes et qui ont jeté les fondements d'une science aujourd'hui positive, en cherchant dans le creuset de l'alchimiste la pierre philosophale. Tout pénétré de la vérité du spiritualisme, il vivifia et ennoblit, tout en les égarant souvent, la médecine et la physiologie naissante ; il sert comme de transition entre les doctrines hermétiques de Paracelse, de Fludd, de J. Boehm et la métaphysique rationaliste du XVIIᵉ siècle.

Comme l'illuminisme créait entre Dieu et l'âme humaine toute une série de génies intermédiaires, Van Helmont imaginait entre l'âme immortelle et le corps toute une hiérarchie d'êtres ou d'archées incorporels, une âme sensitive et mortelle, siégeant avec l'âme immortelle ou l'esprit à l'orifice de l'estomac, un archée principal siégeant dans la rate, chargé de former le corps, d'en organiser la matière, d'en surveiller les fonctions, jouant auprès de l'âme le rôle de ministre de ses affaires corporelles, ayant sous son gouvernement un nombre presque infini d'archées secondaires, préposés chacun à un organe, à une fonction, à une partie, si minime qu'elle soit, du corps humain. Cet archée principal, c'est le principe de la vie; il n'est pas immortel, mais il est incorporel; il tient plus de l'âme que de la matière par sa nature et par son intelligence.

Cette hypothèse est bien peu différente de celle de
Cudworth ou de quelque autre que ce soit, qui ima-
gina le premier la doctrine d'un médiateur plastique,
chargé des mêmes fonctions que l'archée. Elle ne diffère même pas essentiellement de l'antique hypothèse
de l'âme végétative, soit qu'elle s'ajoute à l'âme sensitive et à l'âme raisonnable, soit qu'elle réunisse à elle
seule les puissances et les attributions des deux autres.
Mais archée, ou âme végétative, ou médiateur, ou nature plastique, cet être, un ou multiple, n'a qu'une
existence de raison, tout hypothétique et précaire.
Aucun argument bien sérieux n'était présenté, sinon
en faveur de cet être fictif, du moins contre la physiologie matérialiste, atomiste, mécanique ou chimique.
Van Helmont tenta bien sans doute de porter un premier coup à la médecine matérialiste ; mais cette multitude innombrable de génies subalternes dont il peu-
plait notre corps, ressemblait trop à une mythologie
fantastique, aux visions d'un illuminé, aux expédients
d'un poëte embarrassé, pour se faire agréer par d'autres que par des mystiques. La moindre réflexion du
bon sens devait faire envoler tous ces fantômes : heu-
reuse l'âme spirituelle, si elle ne partageait pas elle-
même le sort de tous ces êtres chimériques, dont Van
Helmont la séparait de notre corps. C'est une physiologie misérable que celle-là et qui ne mérite même pas
ce nom.

En dépit de Van Helmont et des spiritualistes de
toutes les écoles, la physiologie mécanique et la médecine chimique restaient donc en possession, sinon de

la science et de la vérité, au moins de l'autorité, de la renommée, de la foi commune, et gouvernaient la pratique ; peut-être un progrès naturel et nécessaire était retardé pour longtemps, si un esprit supérieur ne se fût élevé contre ces doctrines erronées, pour remplacer, il est vrai, en définitive une erreur par une erreur opposée, mais aussi pour ébranler et ruiner des systèmes vicieux, préparer l'avénement de la vérité et produire même déjà quelques vérités solides. Ce fut Stahl.

Un grand esprit devait gémir de voir rapetisser aux proportions mesquines de la mécanique ou de la chimie les phénomènes supérieurs de l'organisation et de la vie. Si la vie ne se faisait pas sentir dans la santé comme une force supérieure aux forces mécaniques et chimiques, il fallait être aveugle pour ne pas la surprendre dans la maladie et dans la mort. Ces crises désespérées, ces efforts énergiques qui changent tout d'un coup la face des choses, cette agonie même du moribond, ne sont-ce là que les oscillations d'une balance avant de prendre son équilibre, que la fermentation ou l'explosion d'une combinaison chimique? N'est-ce pas plutôt une lutte de la vie, de la nature, d'une force quelconque enfin, mais particulière et supérieure, contre le mal ?

On n'accorde pas toujours à Stahl cette importance; on se contente souvent de le regarder comme un homme instruit, comme un philosophe ami de l'hypothèse, qui a renouvelé l'antique opinion d'Aristote en attribuant à l'àme le principe de la vie, qui n'a fait que remplacer par l'àme raisonnable l'archée de Van Helmont et toutes les entités vaines imaginées avant lui ; mais en lui rien de vraiment original : l'animisme ne serait qu'une vieille doctrine rajeunie, sans influence sur l'avenir, un excès de spiritualisme. Encore la plupart des critiques de Stahl, et des plus bienveillants, accusent-ils l'animisme de n'être qu'un matérialisme déguisé. Cependant c'est à Stahl que l'on doit d'avoir suscité cette troisième et récente doctrine générale sur le principe de la vie, qui a fait la gloire de deux écoles célèbres de médecine, et qui constitue encore aujourd'hui, quelles qu'en soient les diverses interprétations, le fond commun de la science physiologique.

Ce troisième système sur le principe de la vie ne date guère que de la fin du siècle dernier, du jour où la science physiologique fut vraiment constituée; et c'est lui-même qui la constitue. En effet, tant que les phénomènes de la vie sont rapportés aux lois mécaniques ou chimiques, il n'y a pas de barrière entre la mécanique ou la chimie et la médecine; celles-là envahissent celle-ci comme leur domaine et l'absorbent tout entière. Le médecin n'est plus qu'un mécanicien qui a une certaine spécialité, la machine corporelle, ou un chimiste qui prend le corps humain pour laboratoire. Et d'un autre côté, tant que les phénomènes de la vie peuvent être rapportés à l'âme, la barrière n'existe pas non plus entre la médecine et la psychologie; et il ne faut pas dire, comme Roussel, que Stahl a renversé cette barrière; elle n'existait pas, il ne l'a pas élevée.

Haller est peut-être le premier qui, en attribuant

l'irritabilité, comme une force particulière et distincte, à une certaine substance du corps humain, fonda ce système intermédiaire. Mais c'est surtout dans deux écoles, quelque temps rivales, que ce dernier système s'est définitivement constitué. De ces deux écoles, l'une s'est rapprochée davantage du dynamisme, quelquefois même du matérialisme, l'autre du spiritualisme et même de l'animisme. Ce sont l'école de Paris et celle de Montpellier.

Pour l'une, représentée surtout par Bichat et Broussais, l'organisation et la vie ne sont plus les mouvements désordonnés des atomes, ni les mouvements réguliers de la mécanique, ni les combinaisons chimiques de substances inorganisées : autre est la matière brute et inorganique, autre la matière organisée et vivante; autres sont les lois de la première, autres les lois de celle-ci. La vie n'est pas non plus comme un être chimérique qui gouverne le corps ou l'abandonne; il n'y a pas quelque chose qui ait nom la vie ou l'organisation, en dehors du corps, fût-ce l'âme elle-même; il y a un corps composé de tissus et d'organes vivants et différents de la matière brute. Cet ensemble de tissus et d'organes, irritables. excitables, vivants en un mot, c'est l'animal, c'est l'homme, l'animal qui digère et respire, l'homme tout entier, dira même Broussais, qui sent et qui pense.

Pour l'autre école, celle de Montpellier, il y a un principe de vie, une force vitale, qui n'est pas un vain mot, mais une chose, qui n'est pas un être de raison, mais une réalité, une puissance qui organise et régit la

matière sans être matière elle-même, qu'on l'appelle
âme ou autrement, qu'on la distingue ou non de l'âme,
principe de la volonté et de la raison, peu importe; ce
qui importe, c'est qu'on reconnaisse l'existence de ce
principe et qu'on le distingue des forces physiques, mécaniques et chimiques, et de la matière elle-
même des organes.

L'école *organiciste* et l'école *vitaliste*, de quelque
côté qu'elles inclinent et qu'elles divergent, n'en re-
montent pas moins jusqu'à Stahl. Il est directement le
père de l'école de Montpellier; le vitalisme de cette
école n'est que l'animisme de Stahl mitigé et débarrassé
de ses plus téméraires hypothèses. Si l'école de Paris
lui doit un peu moins, elle lui doit beaucoup encore,
beaucoup plus surtout qu'elle ne reconnaît lui devoir.
Car c'est Stahl qui, mieux que personne, a posé le problème de la vie; c'est lui qui a détruit tous les systèmes
erronés de son temps; c'est lui qui a rappelé l'attention
des médecins et des philosophes sur la vie, son origine,
ses manifestations; et, s'il a à son tour élevé sur des
ruines un système ruineux en attribuant la vie à l'âme
raisonnable, c'est qu'il n'est pas donné à un seul homme
de tout faire et d'achever toujours ce qu'il commence,
pas plus à Stahl qu'à Descartes. Il suffit d'ailleurs d'effacer après Stahl cette confusion de l'âme qui pense et du
principe de la vie, c'est-à-dire une induction arbitraire
que ne légitiment ni les faits ni la raison, pour dégager de son système une forte part de vérité.

Aujourd'hui les mêmes doctrines extrêmes se trouvent encore en présence; et, entre deux, les mêmes

théories moyennes et modérées que Paris et Montpellier ont vues naître, avec tous les changements de forme et de détail qu'apportent à toutes choses le temps et les progrès de la science.

Aujourd'hui, s'appuyant sur ce fait, que la science produit dans ses laboratoires quelques-unes de ces substances que l'on croyait autrefois ne pouvoir être produites que par la nature dans le corps des animaux et des plantes, corps gras, principes immédiats, matière organique, sinon organisée, il y en a qui prétendent, comme autrefois Willis, que la vie n'est que le résultat d'une chimie plus savante. D'autres, s'autorisant des plus récentes études sur la transformation et l'équivalence des forces naturelles, du mouvement, de la chaleur, de la lumière, de l'électricité, prétendent que les phénomènes chimiques ne sont que des effets particuliers des forces physiques les plus connues, et que, celles-ci n'étant que les transformations différentes du mouvement, la vie elle-même se réduit à la mécanique. C'est ainsi que Descartes construisait avec le mouvement le système céleste et le corps humain.

D'autre part, des philosophes fermement convaincus qu'entre la mécanique ou la chimie la plus savante et la vie, il y a un abîme infranchissable, et, s'appuyant surtout sur l'influence incontestée que le moral exerce sur le physique, soutiennent, comme autrefois Aristote et Stahl au xviiie siècle, que le principe de la vie, c'est l'âme. Ils tempèrent seulement, au moins le plus grand nombre, la doctrine du physiologiste allemand, en refusant à l'âme la connaissance même irréfléchie de son action plastique et nutritive qu'ils attribuent à des pouvoirs aveugles échappant même à la conscience.

Entre ces deux partis extrêmes et aussi opposés qu'il y a deux siècles se rangent encore aujourd'hui sous le drapeau des Bordeu et des Barthez ou des Bichat et des Broussais, des physiologistes qui ne veulent pas que la vie soit une combinaison chimique ou un habile effet de mécanique, mais qui n'affirment pas pour cela qu'elle soit produite soit avec raison, soit sans conscience par la même âme qui pense et qui veut. De ceux-là, les uns, que n'ont pas convaincus les corps gras artificiels, disent encore, comme il y a quarante ans, que les phénomènes vitaux et les organes vivants sont distincts des phénomènes physiques et de la matière brute, mais que, s'il ne faut pas demander le secret de la vie à la chimie ou la mécanique, il faut encore moins créer pour l'expliquer une force distincte de la matière, un principe vital, fût-il différent de l'âme qui pense. C'est toujours l'*organicisme*. Les autres trouvent encore qu'un tissu, qu'un organe, même vivant, n'est pas un animal, un individu, que la vie n'est pas seulement différente des plus beaux résultats possibles de la mécanique ou de la chimie, mais qu'elle a dans l'être vivant une unité dont seule peut rendre raison une force vitale, une et individuelle. C'est toujours le *double dynamisme*.

Animiste ou organiciste, physiologiste ou philosophe, de Paris ou de Montpellier, quiconque distingue expressément le phénomène de la vie de ceux de la chimie ou de la mécanique, et professe que la vie est un fait spécial qui ne se résout dans aucun autre, relève, qu'il

le sache ou qu'il l'ignore, qu'il le veuille ou qu'il s'en
défende, de Stahl et de sa doctrine. Car personne avant
Stahl, pas même Aristote, et personne mieux que Stahl,
pas même les plus savants de nos jours, n'a compris et
défendu la réalité distincte et la beauté souveraine de
la vie contre les théories presque sacriléges des méca-
niens et des chimistes.

Je me propose de remplir une lacune regrettable
dans l'histoire de la philosophie, peut-être même de la
physiologie, en étudiant dans les ouvrages originaux de
Stahl sa théorie physiologique et philosophique et en
donnant de l'animisme une exposition exacte, claire et
complète.

Tout ce qui a été écrit d'important sur Stahl, à part
quelques courtes notices biographiques et quelques
appréciations générales, se réduit à peu de chose au
prix d'un aussi grand nom : quelques pages de Maine
de Biran (1); un chapitre de Kurt Sprengel, œuvre aussi
confuse qu'incomplète (2); un article de M. Madin, où
les sources les plus importantes ne semblent pas avoir
été suffisamment consultées (3); une thèse de M. Lasègue (4), travail excellent, le seul qui donne une idée
juste de la doctrine de Stahl, le seul qui atteste une
étude consciencieuse et intelligente des ouvrages originaux, plein de vues élevées et philosophiques. Cependant c'est avant tout une thèse de médecine, où les ques-

(1) *Rapports du physique et du moral de l'homme*, 1re partie.
(2) *Histoire de la médecine*, par Kurt Sprengel.
(3) *Dictionnaire des sciences médicales*.
(4) *De Stahl et de sa doctrine médicale*.

tions vraiment philosophiques sont reléguées dans l'ombre à dessein pour laisser la première place aux études physiologiques, pathologiques et thérapeutiques. Enfin, plus récemment, M. Blondin a placé des prolégomènes instructifs en tête d'une traduction inachevée des œuvres complètes de Stahl (1). Tels sont les principaux travaux entrepris sur Stahl que l'on cite cependant beaucoup, dont on prononce toujours le nom avec respect, mais dont on respecte trop les ouvrages, jusqu'à ne point les lire.

La question de la vie, de sa nature, de son principe s'agite encore aujourd'hui. Philosophes, physiologistes, physiciens et chimistes y portent une incroyable ardeur. Or, l'animisme de Stahl est une des pièces les plus importantes et les plus mal connues du procès ; il est utile et opportun de la remettre déchiffrée et élucidée sous les yeux du lecteur et du juge.

(1) P. Roussel avait entrepris une analyse raisonnée des doctrines de Stahl ; il est à regretter que ce travail n'ait pas été exécuté par cet esprit distingué, plein de sympathie et d'admiration pour Stahl, ou qu'il soit demeuré inédit. Voy. *Système physique et moral de la femme*. Préface.

CHAPITRE II.

Courte biographie de Stahl. Origine de sa doctrine. Sa méthode. Distinction du vitalisme et de l'animisme.

Peu de détails biographiques, que l'on trouve partout d'ailleurs, suffisent pour donner de l'homme et de sa vie une connaissance satisfaisante.

Né à Anspach (Onoldum), en 1660, Georges-Ernest Stahl fut, en 1694, nommé professeur de médecine à la nouvelle université de Halle, appelé dans cette chaire par l'amitié de son collègue Fr. Hoffmann, dont il devait bientôt se séparer pour devenir l'adversaire le plus redoutable de ses doctrines physiologiques ; puis, médecin du roi de Prusse, Frédéric-Guillaume Ier, en 1716, il mourut à Berlin en 1734.

Travailleur infatigable, Stahl a composé un grand nombre d'ouvrages. Esprit lucide, raisonneur assez serré, mais écrivain brouillon, sa pensée est claire pour qui la cherche sous les imperfections d'un latin illisible. Opiniâtre et vain, il n'aime pas l'objection, quoiqu'il la relève et la discute ; il se propose lui-même comme le seul homme capable de tirer la médecine de son ornière. Il méprise souverainement, non-seulement ceux qui ne sont pas de son avis, mais ceux mêmes qui trouvent quelques difficultés à le lire : « Quibus est

» visus stylus obscurior, illis commendo ut se in ana-
» lysi grammatica exerceant. » Juncker, son admira-
teur, répondait aussi que cette difficulté n'est que rela-
tive et qu'elle ne vient pas tant de l'obscurité et de la
longueur des périodes que de notre ignorance de la
langue latine. Cependant l'analyse grammaticale suffit
rarement à rendre ce latin intelligible ; il y faut ajouter
la science et l'analyse de la phrase et de la grammaire
stahliennes. Stahl n'en a pas moins beaucoup de prétentions au beau langage, et il professe pour Cicéron
une estime profonde (1). Il faut convenir toutefois que,
quand on possède la clé de sa période et son vocabulaire, ce style devient d'une lecture plus facile, sans être
jamais agréable comme le trouve Venel (2). Stahl est
dur, même envers ses lecteurs : « Demonstrata ibi a me
» hæc sunt, modo non alii judicent, quam qui compo-
» tes sunt intelligendi (3). » Il se donne cependant pour
un ardent partisan de la liberté de penser et d'écrire (4).
C'est un esprit vraiment philosophe : « Philosophiam
» contemtui habitam per totam vitam hominis se ul-
» cisci (5). » Mais cet esprit philosophe et indépendant,
en même temps qu'il est sévère pour la pensée d'autrui, n'est pas tout à fait dégagé de préjugés, et même

(1) G.-E. Stahl, *Ars sanandi*, p. 89.

(2) Voyez *Dictionnaire des sciences médicales*, art. Stahlianisme,
p. 405.

(3) *Disquisitio de vivi et mixti corporis vera diversitate*, p. 99.

(4) *Vindiciæ et indicia de scriptis suis*, p. 139, 140, 141.

(5) *Ars sanandi*, p. 19.

de préjugés puérils. Il est mystique, comme le prouvent
les nombreuses invocations qui commencent et terminent
la plupart de ses ouvrages ; il est même encore sous l'influence directe, quoique éloignée, des superstitions astro-
logiques de Paracelse. Sa croyance à l'action du ma-
crocosme sur le microcosme, et la théorie des septénai-
res poussée par lui jusqu'à la puérilité, le prouvent suffisamment (1). C'est surtout dans sa vieillesse que cette
tendance au mysticisme se développe, et ses derniers
ouvrages, par exemple l'*Ars sanandi*, sont à chaque instant interrompus par des invocations et des prières.

Blumenbach le juge bien ainsi et attribue à ce mysticisme de Stahl son succès auprès de quelques esprits,
et sa disgrâce auprès du plus grand nombre : « Stahl,
» dit-il, est sans contredit un des médecins les plus
» grands et les plus profonds que le monde ait jamais
» vus ; peu d'hommes éminents ont été si longtemps
» méconnus et incompris. Il était le collègue et le rival
» de Fr. Hoffmann et le contemporain de Boerhaave,
» qui passaient pour les premiers médecins de son
» époque. Comment Stahl aurait-il lutté avec avantage
» contre son collègue ? Hoffmann, homme gai, ouvert,
» affable, énonçant d'un style clair les lois simples et
» commodes de la doctrine mécanique ; Stahl, au con-
» traire, hypocondriaque, atrabilaire, et, par dessus
» tout, piétiste, couvrant un système abstrait et pro-
» fond du manteau d'une exposition sèche et obscure.
» Halle était devenu le rendez-vous des pieuses et

(1) *Theoria medica vera*, p. 244.

» bonnes âmes qui soutenaient le parti de Stahl plutôt
» à cause de leurs sympathies religieuses que par con-
» viction véritable. Incapables de saisir la haute pensée
» du maître, elles se tenaient d'autant plus strictement
» à la lettre morte, qu'elles croyaient voir dans les
» brouillards dont le système était enveloppé je ne
» sais quoi de saint et de mystique (1). »

Pour bien comprendre et apprécier la doctrine de
Stahl, il est nécessaire de se rappeler l'état de la médecine et de la philosophie à la fin du XVIIᵉ siècle, et
d'apprécier les influences qui se sont exercées sur lui,
soit qu'il les ait acceptées ou subies, soit qu'il ait réagi
contre elles.

Des deux grands systèmes physiologiques qui font de
la vie, l'un le résultat nécessaire des lois ordinaires mais
plus savantes de la matière brute, l'autre l'effet immédiat
et raisonné d'une force immatérielle et intelligente, le
premier domine presque exclusivement au XVIIᵉ siècle,
grâce à l'influence universelle de la philosophie cartésienne. La médecine mécanique et la médecine chimique
partagent l'opinion publique, mais elles s'unissent et se
confondent toutes deux dans leur source commune, la
métaphysique de Descartes, et dans leur conséquence,
la négation de la vie comme une manière d'être essentiellement différente de celle des corps inorganisés. Cependant la métaphysique cartésienne n'a pas aboli complétement le mysticisme médical de Paracelse et de
Van Helmont, parce qu'il y a autre chose dans l'opinion

(1) *Bibliothèque médicale*, t. II, p. 396.

de ces deux hommes que les rêveries d'esprits illumi-
nés. Ils représentent encore, sous le masque du mysticisme chrétien, une doctrine élevée, qui n'a peut-être
pas moins de vraisemblance que la médecine mécanique,
c'est-à-dire la vieille et grande pensée des anciens sur
la vie et sur son principe. La doctrine des Ioniens, de
Platon, d'Aristote, des Stoïciens, de Galien, a fait tradition dans l'histoire, elle a traversé le moyen âge sans
acquérir d'autorité, mais aussi sans perdre de sa force ;
et les mystiques du {xvi^e siècle, en l'accommodant à
leurs croyances religieuses et aux superstitions de l'illuminisme, l'ont faite chrétienne sans la défigurer
tout à fait, et mystique sans la discréditer complétement.
Cette tradition subsiste encore au xviie siècle où, malgré l'éclat de la philosophie cartésienne et de la médecine chimique, elle compte encore quelques adeptes
silencieux et opiniâtres.

De ces deux influences opposées, celle du péripaté-
tisme et de l'illuminisme combinés, d'Aristote ou de Paracelse, celle du rationalisme cartésien, *iatromécanisme*
ou *chimiatrie*, laquelle agira sur Stahl ? Chose singulière,
parmi les critiques de Stahl, les uns prétendent qu'il se
rattache en ligne directe à Van Helmont et à Paracelse ;
d'autres le font un imitateur de Galien et d'Aristote ;
d'autres enfin prétendent que la philosophie cartésienne
a pesé de toute son autorité sur la doctrine de Stahl et
que l'animisme n'en est qu'une conséquence rigoureuse.

Je ne puis citer tous les critiques qui ont répété les
uns après les autres que Stahl n'a fait que substituer
l'âme raisonnable à l'archée de Van Helmont. M. Bar-

thélemy Saint-Hilaire dit quelque part : « Je ne doute
» pas que l'idée principale de la physiologie de Stahl
» ne lui ait été inspirée par le *Traité de l'âme*. Aristote
» avait dit que c'est l'âme qui nourrit le corps, et il
» avait fait de la nutrition l'une des quatre facultés par
» lesquelles l'âme se manifeste. Stahl exagère cette
» idée. Toutes les actions, toutes les modifications du
» corps, les opérations les plus délicates et les plus
» profondes qui se passent en lui sont faites et accom-
» plies par l'âme et par l'âme seule. C'est l'âme qui se
» construit son corps, aussi bien que c'est elle qui le
» conserve et le meut sans l'intervention ou le con-
» cours d'aucun autre moteur. Pour qu'on ne s'y mé-
» prenne pas, Stahl ajoute qu'il entend parler de l'âme
» rationnelle et il se raille de ces antiques rêveurs
» (*antiquæ næniæ*), qui ont cru trouver dans le corps
» humain d'autres agents que l'âme intelligente et qui
» ont distingué trois âmes, végétative, sensitive, raison-
» nable, comme si les deux premières n'avaient pas
» besoin autant que l'autre d'intelligence et de connais-
» sance pour accomplir leurs admirables fonctions.
» Stahl ne sait pas, quoiqu'il soit fort érudit, qu'en
» voyant la vie uniquement dans l'âme, qu'en les
» confondant l'une avec l'autre, il ne fait que repro-
» duire Aristote. Il ne sait pas qu'en se moquant d'Aris-
» tote, il se moque de lui-même, puisque sa pensée
» n'est au fond que celle du philosophe ancien (1). »

(1) Barthélemy Saint-Hilaire, *Préface du Traité de l'âme d'Aris-*
tote, p. LXXXV-VI.

Peut-être, est-ce là se laisser abuser par la lettre semblable de deux systèmes différents de valeur et d'origine.

M. Madin, au contraire, dit que, pour apprécier la doctrine de Stahl, il faut tenir compte de l'influence qu'ont exercée sur son système les doctrines de Descartes et surtout de Malebranche sur la passivité de la matière (1).

On peut admettre que cette influence d'une partie de la philosophie cartésienne se soit en effet exercée sur Stahl. Car, pour lui comme pour Descartes, la matière n'a pas en elle la puissance de vivre. Mais cette influence s'est, en tout cas, beaucoup moins exercée sur Stahl lui-même que sur tous les autres philosophes et médecins contemporains. Il est même fort peu cartésien, fort peu partisan surtout de l'hypothèse de Malebranche. En effet, la conséquence la plus rigoureuse que Malebranche ait su tirer des principes métaphysique du cartésianisme, c'est la distinction absolue et la séparation complète de l'âme et du corps, l'impossibilité pour ces deux substances d'exercer l'une sur l'autre une action quelconque. Or, c'est là précisément le contre-pied de l'animisme de Stahl, qui est bien plutôt une réfutation de la théorie des causes occasionnelles, de l'harmonie leibnitienne et en général de la métaphysique comme de là physiologie de Descartes. C'est le mécanisme, comme le prouvent les traités du Monde, de l'Homme, de la Formation du fœtus,

(2) *Dictionnaire des sciences médicales*, art. Stahlianisme.

des Principes, qui est la conséquence naturelle de la métaphysique cartésienne, et non l'animisme.

Stahl semble, au contraire, n'avoir subi la double influence de Van Helmont et de Descartes que pour réagir contre elle.

Pour Stahl, le corps ne se meut pas de lui-même; voilà ce qui ressemble à Descartes.

L'âme est le principe de la vie; voilà ce qui ressemble à Aristote ou à Van Helmont.

Mais ce sont là, d'une part, un principe bien général, et qui certes ne renferme pas à lui seul l'animisme tout entier, d'un autre côté, une affirmation bien vague et toute littérale qui ne contient pas le sens de l'animisme. Si Stahl n'avait fait autre chose en réalité que de substituer l'âme à l'archée sans plus de peine, il n'aurait pas, lui aussi, exercé tant d'influence sur la médecine moderne; et il était bien inutile d'écrire tant de volumineux ouvrages pour remplacer seulement un mot par un autre.

Nous ferons voir plus facilement, après avoir exposé la doctrine de Stahl, en quoi elle diffère de celle d'Aristote, de Van Helmont, et en général de toutes celles qui l'ont précédée; et nous en pourrons aussi prouver plus aisément l'originalité, quand nous en aurons fait comprendre la valeur.

La clé de la doctrine de Stahl, le secret de sa force et sa vérité sont dans la méthode qui a présidé à sa formation. Stahl est un esprit indépendant; son système n'est pas, comme on le croit généralement, une œuvre de construction et de spéculation; c'est au contraire le résultat de l'expérience et de l'induction. Stahl n'est pas tant un raisonneur qu'un observateur. Il a observé, observé longtemps et bien; ce n'est qu'à un moment donné qu'au lieu de s'abstenir prudemment, il passe des faits à l'hypothèse.

La doctrine de Stahl est bien en définitive l'animisme; mais ce n'est pas par l'animisme qu'il commence, et l'âme n'intervient comme principe de la vie qu'au dernier moment et comme à la conclusion de son système. Ce système est d'abord une réfutation des doctrines contemporaines, une réaction contre la chimie et la mécanique, contre les entités imaginaires, contre l'hypothèse, enfin en faveur de l'expérience. Mécaniciens, chimistes ou mystiques, tous les médecins ont l'habitude de vouloir deviner la nature et lui dicter ses lois. Il faut, au contraire, étudier la nature et lui arracher son secret, apprendre d'elle ce qu'elle fait et non lui imposer ce qu'elle doit faire. Sans cesse et partout Stahl rapelle les médecins à système à l'observation des faits : Cherchez, leur dit-il, *non quod fieri debeat, sed quod fieri soleat.* Parce qu'une machine peut produire dans certaines circonstances les mêmes mouvements que le corps humain, il ne s'ensuit pas que le corps humain soit une machine. Parce que des substances chimiques peuvent former un mélange analogue à quelques liquides qui circulent dans nos organes, il ne s'ensuit pas que la vie ne soit qu'une combinaison chimique. La nature et les faits, et non l'hypothèse et le possible; voilà ce qu'il demande.

Or, le spectacle de la nature, l'observation des faits,

lui révèle une admirable régularité jusque dans les dé-
sordres morbides, dans la fermeture, dans la guérison
des plaies; cette régularité lui prouve qu'il y a là
quelque chose de supérieur à une mécanique ou à une
chimie inintelligente, de l'ordre enfin jusque dans le
désordre. Comparant cette simplicité des voies de la
nature avec les systèmes contemporains, il gémit de
voir méconnue cette grandeur de la nature, de voir les
esprits aveuglés nier la supériorité du corps humain,
même malade, sur les phénomènes de la pesanteur.
L'organisation éclate à ses yeux comme une chose infiniment plus belle et plus noble que la mécanique ou
la chimie la plus savante; ce qui est lui apparaît bien
au-dessus de ce que l'homme rêve; la vie se manifeste
puissante et régulière dans la maladie elle-même. La
vie, c'est là le point capital; l'idée de la vie, c'est là ce
que Stahl s'efforce de mettre en lumière, de distinguer
de tout le reste, de faire prédominer sur les utopies
mesquines de ses contemporains. La vie, elle est méconnue par les médecins et les philosophes; il n'y a pas
de médecins, il n'y a que des mécaniciens ou des chimistes; car la médecine, c'est la science de la vie, et la
vie n'est pas dans le jeu d'une machine, elle ne s'éla-
bore pas dans le creuset du chimiste. De là cette colère
contre les chimistes et les mécaniciens, qui n'est ni
vanité, ni orgueil, mais sentiment profond de la vérité.
Ce n'est pas sa propre pensée que Stahl défend, c'est la
nature incomprise, la lumière qu'on refuse de voir, la
vie, enfin, que les médecins qui la voient chaque jour
chanceler, s'affermir, s'évanouir, qui sont chargés de

l'entretenir, osent nier. *Inde iræ*, et cette colère est légitime; c'est celle du génie en possession d'une grande
et incontestable vérité.

Jusqu'ici dans la doctrine de Stahl où est donc l'hypothèse? où est l'erreur? où est l'animisme? Il n'est
encore question que de la vie, des faits, de la nature.
L'animisme ne viendra que plus tard, au dernier moment, à la conclusion dernière, de sorte qu'on ne pourra
pas dire avec connaissance de cause, que la doctrine de
Stahl, c'est l'animisme, rien que l'animisme, système
de tous points erroné, que la méthode de Stahl, c'est
l'hypothèse, que le mérite de Stahl, c'est d'avoir donné
plus de simplicité et de consistance à une opinion
presque aussi ancienne que le monde.

Non content d'avoir distingué l'organisation, la vie,
du mélange animal et des mouvements d'une machine,
il en comprend si bien la grandeur, il a si bien observé
que les maladies ont des phases régulières et qu'il y a
dans la force vitale un adversaire redoutable de la maladie donné par la Providence, qu'il proclame la nature
le médecin par excellence et le premier guérisseur de
nos maux. Il y a donc une cause supérieure à la matière
qui ordonne et règle tous ses mouvements.

C'est ici que l'âme apparaît enfin, que l'hypothèse
succède à l'observation, que le vitalisme de Stahl fait
place à l'animisme ou plutôt se conclut par l'animisme.
Mais nous avons fait bien du chemin déjà, et l'on ne
peut juger une doctrine sur ses seules conclusions, surtout quand elles ne sont pas rigoureuses. Il ne faut pas
dire qu'un homme n'a fait que marcher au hasard et en

chancelant sur sa route, parce qu'il s'égare ou trébuche au dernier pas.

Cette cause qui agit si raisonnablement, ne doit-elle pas être raisonnable? Et, encore aidé ou plutôt trompé cette fois par le spectable de l'influence incontestable des passions sur le corps, Stahl fait le dernier pas ; au lieu, soit de s'abstenir prudemment, soit d'attribuer généralement et primitivement toute cette ordonnance mystérieuse à la providence divine, et pour ne pas multiplier les causes secondaires et chimériques, les archées, les esprits et les génies de toutes sortes, il attribue enfin cette direction de la vie à la seule cause intelligente, réelle, efficace, qu'il sait exister, à l'âme raisonnable.

Dès lors le vitalisme de Stahl prend un caractère particulier, et l'animisme se développe en une doctrine complète, fortement homogène, poussant de tous côtés des conséquences rigoureuses ou ingénieuses, recevant les applications les plus diverses et les plus particulières, répondant et suffisant à tout, à la pratique comme à la théorie, à la pathologie, à la thérapeutique, comme à la physiologie, à la psychologie et à la métaphysique, comme à la médecine.

C'est là un grand système, grand jusque dans ses erreurs, mais plein aussi de vérité ; c'est l'œuvre d'un grand esprit. L'âme de Stahl, c'est l'âme d'Aristote; l'âme de Stahl remplit le même office que l'archée de Van Helmont, je le veux ; mais la doctrine de Stahl n'est pas la vision mystique de Van Helmont; ce n'est pas non plus la simple opinion d'Aristote, enveloppée, obscure, dénuée de preuves et de conséquences.

Plus tard nous aurons encore à demander justice à des détracteurs d'un autre genre, qui font de Stahl un matérialiste, qui le livrent à merci à Leibnitz et à ses accusations. Nous montrerons que, si fort que soit Leibnitz dans la discussion, il rencontre dans Stahl un adversaire digne de lui, et que, si Stahl n'a pas raison absolument, raison contre la vérité, il a du moins raison contre Leibnitz, et que Leibnitz est le vaincu.

On peut donc dès à présent distinguer deux parties dans le système entier de Stahl.

La première contient la réfutation des doctrines contemporaines, l'établissement de la vie et de son principe immatériel : ce qu'on peut appeler le vitalisme de Stahl.

La seconde renferme l'identification de ce principe de la vie et de l'âme raisonnable, c'est-à-dire l'animisme proprement dit et toutes ses conséquences théoriques et pratiques.

Cette division bien simple est l'histoire exacte de la pensée de Stahl; ce sont bien là les deux phases par lesquelles elle a passé successivement. On les peut même retrouver à peu près dans les titres et dans la suite de ses différents écrits; mais Stahl n'a pas une méthode d'exposition aussi bonne que sa méthode d'investigation. Chacun de ses nombreux ouvrages sur les sujets les plus spéciaux est le plus souvent une répétition de tous les autres : tout à propos de tout. Cependant l'un d'entre eux et le plus considérable, intitulé : *Theoria medica vera,* est assez bien composé. C'est l'œuvre capitale et qui renferme à peu près toute sa doc-

trine théorique et pratique, physiologique, philosophique et thérapeutique. Il faut néanmoins commenter
à chaque instant ce grand ouvrage par un certain
nombre de traités spéciaux et plus ou moins volumineux, depuis la brochure de quelques pages jusqu'au
livre.

Les principaux écrits de Stahl, ceux dont nous nous
servirons plus particulièrement, et les plus indispensables à l'intelligence de son système philosophique et
physiologique, sont les suivants :

*Theoria medica vera. — Parœnesis ad aliena a re me-
dica arcendum. — Demonstratio de mixti et vivi corporis
vera diversitate. — Disquisitio de mechanismi et organismi
vera diversitate. — Vindiciæ et indicia de scriptis suis.
— De differentia* λόγου *et* λογισμοῦ — *De motu tonico vitali.
— Ars sanandi morbos cum exspectatione. — Negotium
otiosum, seu sciamachia* (1).

----

(1) Les éditions dont nous avons fait usage et auxquelles se rapportent tous les passages cités, sont :

Theoria medica vera. Halæ, 1737. — *Parœnesis ad aliena,* etc.,
idem. — *Demonstratio de mixti,* etc., id. — *Disquisitio de mechanismi,* etc., id. — *Vindiciæ et indicia,* id. — *De motu tonico vitali.*
Iena, 1692. — *Ars sanandi,* etc. Offenbaci, 1730. — *Negotium
otiosum,* etc. Halæ, 1720.

CHAPITRE III.

Réfutation de la médecine mécanique et de la médecine chimique.
Nature de la vie. Conservation de la vie par le mouvement. Trois
espèces de mouvements vitaux : circulation du sang, secrétion,
excrétion. Cause immatérielle du mouvement.

Réfuter la médecine mécanique et chimique, tel est
le premier objet que Stahl se propose. L'animisme était
si peu préconçu dans sa pensée, qu'il avait commencé
dans sa jeunesse, sinon par adopter sans réserve la médecine chimique ou dynamique, au moins par recevoir
docilement comme disciple les principes de la première.
« Élevé, dit-il, dans les principes de Sylvius et de
» Willis, qui rapportaient toutes les causes des mala-
» dies à des âcretés particulières des humeurs, je m'é-
» tonnais que les humeurs ne s'altérassent pas malgré
» leur tendance naturelle et continuelle à la putréfac-
» tion, et que le sphacèle, qui est une putréfaction
» complète, n'eût lieu que très-rarement ; je ne voyais
» pas que les sels journellement introduits dans le corps
» par l'alimentation, causassent les accidents géné-
» ralement attribués aux âcretés salines ; je ne pouvais
» rapporter à une altération quelconque dans les hu-
» meurs les maladies particulières aux âges et aux
» tempéraments ; je reconnus donc la fausseté de toute
» application des sciences chimiques à la théorie des

» maladies ; je ne pouvais d'ailleurs expliquer par les
» lois de la mécanique ces changements extraordinaires
» et subits que les passions occasionnent et qui produi-
» sent dans diverses parties du corps des actions tout
» autres que celles qui résultent naturellement de leur
» conformation mécanique, actions qui tiennent si
» évidemment à un désordre des mouvements vitaux,
» qu'il me paraissait absurde d'admettre la coopération
» d'une cause matérielle quelconque. Je sentis donc la
» nécessité de reconstruire la théorie médicale et de
» l'asseoir sur des fondements plus solides que des
» idées de mécanique et de chimie (1). »

C'est donc de la réflexion que fit Stahl sur la fausseté
des théories qu'on enseignait et pratiquait autour de
lui, qu'est née la première pensée d'une rénovation de
la science médicale. Comme Descartes, Stahl fait table
rase et rompt avec le passé ; c'est sur les ruines des
doctrines contemporaines qu'il édifiera une nouvelle
doctrine.

Et d'abord, c'est le mécanisme qu'il prend à partie, le
mécanisme, doctrine favorite, sous le nom de dynamisme, d'Hoffmann, son ancien ami et son rival, et de
Leibnitz, bientôt son adversaire déclaré.

Le petit traité : *Disquisitio de mechanismi et organismi vera diversitate,* renferme la réfutation du mécanisme, fondée sur la différence qui existe entre une
machine et un organe.

(1) Lettre à L. Schroeck, président de l'Académie des curieux de
la nature.

Tò *efficere* diffère de τò *facere*. On ne peut dire τò *efficere* des agents qui ne tendent pas directement et expressément à l'acte accompli, mais qui le produisent fortuitement comme un résultat accidentel et nécessaire. On peut le dire, au contraire, de ceux qui tendent à un effet certain et y arrivent par un progrès simple et marqué, de sorte qu'ils paraissent manifestement agir pour cette fin et conspirer vers elle, que là où la fin n'est pas, là non plus l'agent ne paraisse pas, et que là où paraissent l'agent et l'acte, là aussi soit la fin qui en est inséparable. Tò *facere*, c'est le mécanisme; τò *efficere*, l'organisme (1). C'est mécaniquement que les ruisseaux forment les fleuves ; une horloge détraquée ou sans cadran n'est aussi qu'une machine ; elle prend déjà un caractère organique, lorsqu'elle est employée à diviser le temps (2).

Le corps humain est-il une machine ou un organe ?

S'il peut subsister par lui-même et pour lui-même, s'il ne peut avoir un usage manifeste et déterminé, on pourra dire qu'il n'est qu'une machine ; on ne le pourra pas, s'il en est autrement. Or, le corps humain ne subsiste pas par lui-même ; par sa constitution il est destiné à la corruption la plus prompte ; il n'y a pas en lui de raison de sa conservation ; il n'y a pas même de raison en lui pour qu'il existe ou produise les actions que nous le voyons produire, bien loin qu'il y ait une raison pour que ces actes puissent avoir pour lui

---

(1) *Disquisitio de mechan. et organ. vera diversitate*, §§ 34, 35, p. 14.

(2) *Ibidem*, §§ 41 et suivants, p. 17.

quelque usage. L'utilité, le but de tous ses actes sont ailleurs qu'en lui ; ils conspirent tous admirablement vers un but étranger. Le corps n'est pas une machine, comme le disent quelques-uns, faite pour elle-même, dans laquelle s'accomplissent les mouvements vitaux et animaux, et à laquelle s'ajoute une âme pour contempler en simple spectatrice ce qui se fait dans le corps. Le corps existe proprement et absolument pour l'âme ; l'âme a besoin d'instruments pour manifester son intelligence et sa sensibilité, le corps est organique, il est l'organe, ou l'instrument ou l'officine de l'âme (1).

Certes, cette réfutation du mécanisme est assez faible, et l'on comprend difficilement que Stahl n'ait pas trouvé de meilleurs arguments pour le combattre. Mais elle renferme du moins le sentiment profond de la fausseté du mécanisme et de la réalité distincte de l'organisation et de la vie. Peut-on donner pour excuse que Stahl était chimiste et non mathématicien ? Toujours est-il que sa réfutation de la médecine chimique est beaucoup plus solide.

C'est surtout dans le traité *Demonstratio de mixti et vivi corporis vera diversitate,* qu'elle se trouve.

L'erreur des chimistes est de confondre le mélange de la matière corporelle avec la vie du corps (2). Il existe

(1) *Disquisitio de mechan. et organ. divers.,* § 84, p, 35 ; § 98, p. 42.

(2) *Demonstratio de mixti et vivi corporis vera diversitate,* § 1, p. 67.

plusieurs différences essentielles entre les corps simplement mélangés et les corps vivants. Les uns sont durables, les autres ne le sont pas ; les uns résistent à la destruction naturelle à cause du mélange, les autres malgré le mélange. Les individus des espèces vivantes engendrent à tous moments des individus nouveaux ; les corps simplement mélangés n'engendrent que par hasard et sans désir (1).

Le corps humain est sans doute un mélange, mais ce n'est pas à ce titre qu'il est vivant. On a le droit en médecine de considérer le mélange du corps, mais ce n'est pas là la considération vraiment médicale.

Il faut observer deux choses dans le mélange du corps : 1° la matière dont il est composé ; 2° la fin pour laquelle il est fait.

1° Le corps est un mélange de terre subtile, de graisse et d'eau qui ne peuvent former une union réelle, mais une simple cohésion. Aussi le mélange est-il essentiellement corruptible. La terre, subtile presque à l'égal du sel, s'allie promptement à l'eau et produit un mucilage consistant auquel la graisse adhère alors plus facilement.

2° La raison de ce mélange est que les corps vivants exigent pour la locomotion une consistance flexible et cependant tenace, sans être fragile. Le mélange est différent quant à la proportion des principes dans les différentes parties du corps, os, muscles, etc., et cela pour la fin du corps (2).

(1) *Demonstratio de mixti et vivi corporis vera diversitate*, § 10, p. 70 et suiv.

(2) *Ibidem*, §§ 14 et suiv., p. 74.

Après le mélange du corps, il faut considérer sa structure toujours appropriée à sa fin : la grandeur proportionnelle des parties, la continuité des solides, leur figure et leur situation harmonieuse. Ce sont ces dernières considérations qui seules regardent le corps en tant que vivant, et non plus en tant que simple mélange ou machine (1).

On a bien souvent répété, depuis l'antiquité, que le médecin commence où finit le physicien, mais on a toujours confondu l'un et l'autre, parce que nulle part n'est indiquée la limite qui sépare la physique de la médecine (2).

La physique en médecine a le tort de ne considérer le corps que comme physique et mécanique (3). Les anciens ne cherchaient que les éléments des corps, et les modernes n'observent que leur structure (4).

Le médecin doit étudier le corps avec ses lésions, ce qui a coutume de s'y faire et non ce qui peut s'y faire (5). Nulle part on ne trouve dans la physique ce que c'est que l'organisation et la vie : « Au seuil même, » je rencontrais avant tout la vie dont on ne dit mot, la » vie, dis-je, ce que c'est, en quoi elle consiste, de quoi » elle dépend, sur quels moyens elle s'appuie, pourquoi

(1) *Demonstratio de mixti et vivi corporis vera diversitate*, §§ 19 et suiv., p. 75.

(2) *Parænesis ad aliena a re medica arcendum*, § 7, p. 47.

(3) *Ibid.*, § 13, p. 49.

(4) *Ibid.*, § 18, p. 51.

(5) *Ibid.*, § 15, 49.

» et au regard de quoi le corps est dit vivant. J'avoue
» ingénuement que je dois aux anciens de m'avoir
» donné ce scrupule par une distinction, solennelle
» pour eux, entre le tempérament simplement mélangé
» en tant que mélangé et le corps vivant. Je leur dois,
» dis-je, ce scrupule, mais ils ne l'ont pas levé (1). »

Aussi une anatomie minutieuse est-elle au moins
vaine (2). Il y a des vérités indispensables à connaître
pour le physicien, inutiles au médecin, par exemple la
structure des muscles (3). La physique, la pathologie
physique, n'est qu'une science, la pathologie physico-
médicale éclaire l'art, la thérapeutique et la pharmacie.
Par exemple, dans une blessure, même la plus petite,
il est hors de doute que les fibres, les filaments, le tissu
de la partie blessée, sont rompus dans leur continuité;
il n'est pas moins certain que, pour une blessure d'une
grandeur déterminée, un nombre déterminé de fibres a
été ainsi brisé. Mais si la perspicacité de l'anatomiste,
même armé de tous les microscopes, pouvait arriver à
supputer le nombre de ces fibres, qu'en résulterait-il
d'avantageux pour l'art? Pour qu'une telle solution de
continuité soit réparée, il faut d'abord, au nom de la
vérité physique, que les extrémités de toutes ces petites
fibres individuelles soient réunies deux à deux; or,
comme la science ne peut faire cela, il faut recourir à
l'art. Donc les sciences physiques n'ont d'autre objet

(1) *Ibid.*, § 17, p. 50.
(2) *Ibid.*, § 16, p. 50.
(3) *Parœnesis*, §§ 28, 29, 30, p. 54.

que la simple vérité et ne font rien à l'art médical; elles n'ont point de rapport avec ses soins. La pathologie physico-médicale est encore bien éloignée de la pathologie physiologico-médicale. Celle-ci, c'est la recherche prudente de ce que fait la nature dans les maladies et contre elles pour leur terminaison salutaire, et de ce qu'elle subit (1).

La chimie tout entière est également inutile (2). Ses quatre genres, de coagulation par l'acidité des humeurs, de liquéfaction par la volatilité alcaline, de stimulation efficace par l'âcreté sulphuro-saline et de changement des crases par la fermentation ; tout cela est contraire à l'expérience (3). On dit à tort que la vie consiste dans le mouvement, lequel dépend de la crase de la matière ; mais il est d'une expérience quotidienne que, sans aucun vice du mélange, des mouvements se produisent (4).

« La plupart de ceux qui se livrent tout entiers à l'a-
» natomie physique ou à la chimie, lorsqu'ils en vien-
» nent à la pratique et ne puisent pas à d'autres sources,
» non-seulement ne font rien de durable avec toute la
» sagacité de leurs études, mais plutôt, comme cela
» est manifeste depuis soixante ans, n'imaginent que
» ces nombreuses chimères, et fabriquent des hypo-

(1) *Ars sanan. morbos*, p. 88, 89, 90, 91.
(2) *Parœnesis*, § 34, p. 55.
(3) *Parœnesis*, §§ 32 à 36, p. 55, 56.
(4) *Ibid.*, et *De motus hemorrhoïdalis*, etc. *Præmonitio generalis*, p. 10, 11, 12.

» thèses qui confondent la pratique, si elles ne l'ex-
» cluent pas tout à fait (1). »

« Les médecins, amis de la vérité, ne nieront jamais
» que les matières salines drastiques ne puissent faire
» naître dans le corps des perturbations ou des lésions;
» mais retourner l'argument et soutenir que tous les
» troubles et toutes les lésions qui se produisent dans
» le corps, viennent simplement de telles matières, cela
» n'est nullement conséquent. De plus, cela est d'autant
» moins vrai, que le plus petit nombre des effets mor-
» bides provient dans le corps des sels, même les plus
» puissants, en comparaison du bien plus grand nombre
» de ceux qui lui sont comme familiers (2). »

Ce n'est pas que Stahl méprise la chimie; il est, au
contraire, un des chimistes les plus savants de son
siècle. Il a étudié cette science et l'a professée avec
éclat : « Ce que j'avoue et affirme avec d'autant plus
» de confiance, que j'ai dans ma jeunesse suivi ces étu-
» des (l'anatomie physique et la chimie), et que, ce qui
» est attesté par les faits, je suis parvenu non-seule-
» ment à enseigner ces sciences dans les Académies,
» mais à les démontrer dans des publications au-delà
» de l'attente et de toute croyance imaginable. Tant
» s'en faut que j'en fasse peu ou point de cas; mais
» à chaque chose je dois attribuer sa place et ses
» limites (3). » Aujourd'hui même le titre de gloire que

(1) *Ars sanandi*, p. 146.
(2) *Ibid.*, p. 149, 150.
(3) *Ars sanandi*, p. 146.

l'on accorde le plus volontiers à Stahl est celui de chimiste. Il est l'auteur de la première théorie de la combustion ; et le *phlogistique* n'a été remplacé dans la science que par les découvertes de Lavoisier. Mais Stahl comprend que la chimie empiète sur le domaine de la médecine, quand elle prétend la supplanter ou l'absorber tout entière ; et nous devons d'autant mieux reconnaître la force de cet argument, que de nos jours la chimie professe quelquefois des prétentions analogues, depuis les progrès qu'a faits cette branche de la science qu'on nomme la chimie organique (1).

Sous les arguments souvent subtils et même erronés de Stahl, se cachent cependant des pensées solides et vraies. Restreindre la vie au mécanisme, que cette force mécanique soit celle qui gouverne les tourbillons cartésiens, ou celle qui préside au prédéterminisme de Leibnitz, c'est toujours méconnaître le fait capital de la vie et ses lois supérieures à celles de la mécanique ; c'est reproduire sous une forme plus savante, la cosmogonie de Leucippe et d'Epicure. Réduire la vie à une simple combinaison chimique, c'est encore la méconnaître ; le chimiste n'a plus qu'à trouver dès lors la nature et la proportion, et comme la formule du mélange animal, pour que l'homme puisse espérer de sa science l'immortalité de son corps.

La vie, la conservation de la vie, telle est la grande et unique affaire de la médecine.

Le mélange dont le corps se compose est essentielle-

(1) *Negotium otiosum*, p. 47 à 50, 52 à 55, 155, 156, 159, 160.

ment corruptible, parce que l'eau et la graisse ne font pas une société durable (1). Cette corruption à laquelle il est exposé, est de toutes sortes, fermentative, putride, etc. (2). Le sang surtout, mélange mucilagineux et très-gras (3), est essentiellement corruptible. Il faut donc pour que le corps subsiste, qu'il échappe à cette corruption sans cesse imminente. La vie, ce n'est pas ce mélange corruptible, c'est la conservation de ce mélange. Cette conservation ne consiste pas à empêcher le corps d'être corruptible, cela ne se peut, mais à empêcher cette corruptibilité de passer à l'acte, ce mélange corruptible de devenir corrompu (4).

Cette conservation est l'acte de la vie. Mais quel est le vrai moyen instrumental, le vrai *modus fiendi atque agendi* par lequel est effectué l'acte vital conservateur (5)? Cet acte doit être accompli nécessairement par un principe étranger et même contraire à la matière corruptible (6).

La vie ou la conservation du corps demeurant toujours corruptible, mais perpétuellement préservé de la

(1) *Theoria medica vera.* Physiologia, sect. I, membr. II, §§ 2, 3, p. 210 et partout.

(2) *Ibid.*, §, 5, p. 211.

(3) *Mucido valde pinguis.*

(4) *Demonstr. de mixti et vivi corp.*, § 26, p. 77 ; § 30, p. 79. — *Theoria med. vera.* Phys., sect. I, §§ 4, 5, p. 200. — *Ars sanandi*, p. 232, 233.

(5) *Demonstr. de m. et v. corp.*, § 64, p. 94.

(6) *Ibidem*, § 30, p. 79.

corruption elle-même, est faite et parfaite par le mouvement (1).

Il y a trois sortes de mouvements. Le premier est le perpétuel mouvement ou la circulation de la masse universelle des humeurs, qu'on appelle vulgairement la circulation du sang (2). Le second est la secrétion, le troisième l'excrétion des humeurs.

Le sang, mélange plus corruptible que les autres, a aussi bien plus besoin d'être préservé de la corruption. La sagesse du Créateur a pourvu à ce besoin ; car le sang est mû perpétuellement, et en même temps qu'il est mû pour la conservation du tout, il se conserve aussi lui-même par son propre mouvement (3).

L'antiquité a ignoré la circulation du sang ; les modernes l'ont connue, mais ils s'en sont mal servis (4). En effet, selon les idées d'Harvey, le sang circule pour porter la vie par tout le corps avec la nourriture ; selon Stahl, il se meut parce que rien n'est plus propre que le mouvement à empêcher la corruption. Or, prévenir l'acte de la corruption, est le premier et le plus puissant instrument de la vie.

Aussi la principale source des maladies est-elle la stase du sang, parce qu'elle facilite la corruption. Or, le système de la veine-porte est celle de toutes les parties du système général vasculaire, où le sang trouve le

(1) *Ibidem*, § 64, p. 92; § 77, p. 97.
(2) *Theor. méd. ver.* Phys., sect. I, membr. IV, § 1, p. 348.
(3) *Ibidem, ibid.*, membr. II, § 7, p. 212.
(4) *Ibidem, ibid.*, membr. IV, §§ 2 et suiv., p. 218 et suiv.

plus de difficulté à circuler à cause de l'absence des valvules et de la grande quantité de sang que verse la rate dans ces vaisseaux de plus en plus étroits. Il en résulte que le sang y demeure comme stagnant et s'y corrompt plus facilement. Aussi la veine-porte est la porte de tous les maux (1).

En outre, Harvey et ses partisans font de la circulation du sang un phénomène purement mécanique ; le sang est précipité dans les canaux qu'il trouve ouverts devant lui, comme l'eau dans les tuyaux prêts à la recevoir. Dans cette hypothèse, la quantité de sang distribuée à chaque partie du corps doit être toujours en proportion de la capacité des vaisseaux, ce qui est contraire à l'expérience, puisqu'ainsi le phénomène de l'inflammation est inexplicable. C'est que, selon Stahl, Harvey a négligé de considérer le ton des parties et le principe du mouvement, qui changent sans cesse la quantité de sang distribuée aux diverses parties du corps. Ce n'est donc pas assez d'avoir découvert le phénomène de la circulation du sang, il faut encore en connaître le principe et la fin.

Le sang est une masse hétérogène qui se compose de trois choses : 1° le sang proprement dit, substance rouge, qui sèche facilement, poussière subtile qu'on peut voir au microscope sous la forme de corpuscules rouges, dits globules du sang ; 2° la limphe nutritive,

_____

(1) *De vena portæ porta malorum*, et *th. med. ver.* Path., part. 2, Spec., sect. I, membr. II, art. 3, § 8, p. 556, et part. 3, sect. I, membr. III, art. 1, § 22 et suiv., p. 785 et suiv.

liquide gélatineux contenant les corpuscules, encore libres, propres au mélange ; elle naît du chyle ; 3° le sérum, c'est-à-dire un amas d'humeurs inutiles et même nuisibles au corps, provenant des matières mangées et de la décomposition. C'est le sérum qui se dégage du sang répandu sous forme de *papier buvard* (*charta bibula*) (1).

La crase du sang proprement dit est un mélange qui contient une substance oléagineuse, appelée sulfurée. On ne peut dire quel en est le véritable usage, mais elle est vraisemblablement destinée à recevoir la chaleur et à donner au corps de la ténacité en empêchant une humidité trop grande (2). Le sang est chaud, parce que son mouvement est vif comme celui de la flamme (*flammeus*). La preuve en est la chaleur qui se produit dans le corps et surtout dans le sang, lorsque le corps ou quelqu'une de ses parties est mue violemment (3).

La respiration sert à échauffer et non à refroidir le sang, comme pensent les anciens et les modernes, ce que prouvent le sang froid des animaux qui ne respirent pas avec des poumons et l'augmentation de la chaleur par l'accélération de la respiration (4).

Les organes de la circulation sont le cœur, les ar-

---

(1) *Theor. m. v. Phys.*, sect. I, membr. IV, art. 4, §§ 2 et suiv., p. 221, 222.

(2) *Ibidem, ibid.*, §§ 7 et suiv., p. 223 et suiv.

(3) *Ibidem, ibid.*, sect. I, m. IV, art. 9, §§ 9 et suiv., p. 223 et suiv.

(4) *Ibidem, ibid.*, §§ 12 et suiv., p. 225 et suiv.

tères, les parties poreuses et les veines. Le cœur est un muscle puissant. La systole est le vrai mouvement du cœur, la diastole n'est que l'abstention du mouvement. On a tort de croire que la diastole est un mouvement qui aspire le sang comme fait une pompe ; le sang est, au contraire, poussé dans le cœur (1).

Les artères ont aussi leur diastole passive qui résulte de la systole du cœur ; elles ont encore leur systole propre, mais douce et légère, non pas aussi forte que leur diastole (2).

Des artères, le sang passe dans les parties poreuses, quoi-qu'en disent ceux qui veulent que le sang passe directement des artères dans les veines. Des parties poreuses, il passe dans les veines (3).

Ce mouvement perpétuel préserve la crase corruptible du sang de la corruption actuelle ; aussi le mouvement circulatoire est-il le premier instrument de la vie. Mais il ne la préserve pas absolument ; la conservation de la vie ne peut donc avoir lieu par la seule circulation, il faut encore que les parties corrompues soient séparées des autres.

La secrétion est la seconde raison instrumentale de la vie.

La lymphe est séparée du sang et du sérum. C'est en vain qu'on imagine une parfaite correspondance entre la figure extérieure des atomes particuliers de la

---

(1) *Th. m. v.*, art. 2, §§ 1 et suiv., p. 22 et suiv.
(2) *Ibidem, ibid.*, §§ 6 et suiv., p. 229.
(3) *Ibidem, ibid.*, § 13, p. 230.

lymphe et la configuration interne des pores destinés
à les recevoir pour expliquer la secrétion, soit de
la lymphe, soit des autres humeurs. Cela se fait plus
simplement. Les vaisseaux des humeurs sont presque
toujours pleins; le sang qui sort des artères ne peut
donc entrer immédiatement dans les veines; il séjourne
quelque temps dans les parties poreuses. Là, il est
pressé en attendant que les veines se vident; les corpuscules plus déliés de la lymphe entrent sous cette
pression dans les pores avec leur pureté naturelle, et le
sang qui passe dans les veines, mêlé au sérum et séparé
de la lymphe subtile et nourricière, devient plus épais.
C'est de la même façon que le sérum est à son tour
séparé du sang proprement dit, et que s'accomplit en
général la secrétion des humeurs saines ou corrompues (1).

Mais c'est une illusion de la chimie de croire que la
vie puisse être conservée par le mélange et la transformation des humeurs. La matière une fois corrompue
et secrétée doit être chassée du corps. La nature le
prouve en plaçant partout des émunctoires et donnant
aux humeurs corrompues de libres issues (2).

L'excrétion est le troisième et dernier instrument de
la vie.

Tous ces mouvements, surtout celui de la circulation,

---

(1) *Theor. m. v.* Phys., sect. I, memb. VI, p. 247 et suiv., m. VII,
p. 255 et suiv., m. VII, art. 2, p. 258, art. 3, 4, 5, 6, 7, 8, p. 265
à 292.

(2) *Ibidem*, membr. VIII, p. 292 et suiv.

sont aidés par le mouvement tonique et s'ajoutent à lui. Le ton, c'est la force ou la tension des parties, et, comme le ton varie sans cesse, ce changement de ton est le mouvement tonique très-différent du mouvement vital conservateur et du mouvement local ou de la locomotion (1).

Le mouvement cependant n'est pas la vie ni le principe de la vie, mais seulement l'instrument de la vie (2), Cet instrument de la vie, le mouvement, ne naît pas du corps, il lui est, au contraire, absolument opposé par sa nature, car c'est une chose incorporelle et immatérielle (3) : « Ce qui conserve tout le corps, le mouve-
» ment, est une chose tout à fait étrangère à l'essence
» et au caractère du corps, mais jumelle de l'essence
» de l'âme, c'est-à-dire incorporelle en soi, et capable
» d'agir sur le corps (4). »

Cet instrument immatériel suppose donc une cause de la même nature que lui, qui en soit le principe et qui le dirige (5). Le mouvement ne vient pas des humeurs (6), car il a besoin d'être dirigé par une cause

---

(1) *De motu tonico vitali, et Vind. et ind. de scr. suis*, § 87, p. 169. *Th. m. v.* Phys., *brevis repetitio*, § 34, p. 433. Path., part. 2, sect. III, p. 647 et suiv.

(2) *Par.*, §§ 32 et suiv., p. 59, 60. *De m. et v. corp.*, § 65, p. 93.

(3) *Disq. de m. et org.*, § 68, p. 28. *Th. m. v.* Phys., *brev. repet.*, § 20, p. 428.

(4) *Th. m. v.*, Phys., sect. I, membr. I, § 7, p. 203.

(5) *De m. et v. corp.*, §§ 123 et suiv., p. 118.

(6) *Th. m. v.*, Path., part. 3, sect. II, membr. IT, 3, § 39, p. 1040.

intelligente vers une fin déterminée, qui est précisément la conservation de la vie par le moyen de l'excrétion des humeurs ou de la matière corrompue (1).

Telle est la première partie et comme la première phase de la doctrine de Stahl, ce qu'on peut appeler son vitalisme. Encore un pas en avant, et l'âme que nous n'avons pas même nommée, apparaîtrait comme le principe, caché aux yeux des ignorants, de tous les phénomènes corporels. Nous n'avons pas eu besoin de l'invoquer encore ; bientôt le moment viendra où il faudra la produire, où elle s'emparera du gouvernement du corps et de la vie. Alors la doctrine de Stahl prendra une forme nouvelle ; l'animisme succèdera au vitalisme et se développera largement dans tous les sens. Mais quelle que soit la valeur de cette seconde partie du système de Stahl, la première demeure avec la sienne propre et veut être jugée séparément, sans que les vérités ou les erreurs probables de l'animisme puissent effacer par un retour en arrière les vérités acquises ou les erreurs possibles du vitalisme.

(1) *Vind. de scriptis suis*, § 56, p. 53 ; § 56, p. 161. *Th. m. v. Phys.*, *brev. repet.* §§ 30, 31, p. 432. *Ibid.* Path., part. 3, sect. I, membr. III, art. 4, § 15, p. 784.

CHAPITRE IV.

ANIMISME DE STAHL.

Réfutation des âmes végétative, sensitive, motrice, archées, esprits animaux, médiateurs plastiques. L'âme raisonnable principe de la vie, cause de toutes les fonctions organiques. L'âme architecte de son propre corps. L'âme des bêtes. Les plantes.

La vie, c'est la conservation du mélange corporel dans sa corruptibilité, ou la préservation de ce mélange corruptible de l'effet d'une corruption actuelle, par le moyen du mouvement. Le mouvement, instrument de la vie, d'une autre nature que celle du corps, requiert un principe différent du corps, supérieur à lui, qui mette en œuvre cet instrument, qui le dirige avec intelligence vers sa fin, la conservation du corps : le vrai principe de la vie.

Quel est-il?

Arrière toutes les inventions de l'antiquité et celles plus insensées encore des modernes, les âmes végétative et sensitive, distinguées de l'âme raisonnable, les archées, les esprits animaux, les médiateurs, tous ces êtres chimériques enfin, inventés par l'imagination. L'expérience et la raison les font disparaître, l'expérience qui ne nous montre rien de semblable, la raison qui en prouve l'absurdité, l'inutilité et l'impuissance.

A quoi bon chercher le principe de la vie, comme

les anciens, dans une âme végétative? Si cette âme est
aveugle et inintelligente, elle ne fera rien de plus ou
de mieux que la matière elle-même. Si elle est capable
de diriger les mouvements du corps vers une fin, c'est
qu'elle est intelligente; alors en quoi se distingue-
t-elle de l'âme raisonnable? Elle fait avec elle double
emploi. L'archée de Van Helmont est de la même nature que l'âme végétative, il aura le même sort.

Les modernes raisonnent encore plus mal et n'observent pas mieux. Les esprits animaux et autres chimères tombent sous les mêmes objections : inintelli-
gents, ils ne peuvent rien; intelligents, en quoi
diffèrent-ils de l'âme? Mais les modernes ajoutent en
faveur des esprits un argument contradictoire. L'immatériel, disent-ils, ne peut agir sur le matériel, il faut
donc pour mouvoir le corps un intermédiaire corporel.
La contradiction est manifeste; si l'immatériel ne peut
agir sur le matériel, ces esprits ou tous autres intermédiaires ne peuvent être immatériels, car ils ne pourraient
agir sur le corps; s'ils sont matériels, ils ne peuvent au
contraire agir sur l'âme et conspirer avec elle, comprendre ses besoins et lui servir d'instrument.

« On a des nausées rien qu'à entendre parler des in-
» dignations et des joies des esprits animaux et des
» archées... C'est une distinction absurde que celle qu'on
» établit entre une matière plus grossière et une autre
» plus subtile qui serait ainsi plus capable d'entrer en
» commerce avec ce qui est incorporel. Ensuite, de telles
» inventions supposent dans ces agents, non-seulement
» une intelligence égale à celle de l'âme raisonnable,

» mais plus grande encore, si on estime les choses à
» leur valeur, pour qu'ils puissent agir partout et tou-
» jours sciemment et convenablement. Car, dans de telles
» hypothèses, ces agents doivent non-seulement savoir
» ce qu'ils ont à faire, quand, comment, dans quelle
» mesure, mais comprendre aussi les petits mouvements
» les plus exquis, les proportions les plus délicates que
» veut l'âme, et ils sont censés exécuter toutes choses
» telles exactement que l'âme les pense et les veut... Il
» n'est pas plus raisonnable de supposer que tous les mou-
» vements qui se font dans le corps sont prédéterminés
» et produits par l'absolue volonté de Dieu... C'est à
» tort qu'une ancienne doctrine ajoute à l'âme raison-
» nable une âme végétative et une autre sensitive.
» D'autres, plus anciens encore, pensaient avec plus
» de raison qu'à une seule âme humaine, dite raison-
» nable, à cause de sa puissance spéciale et supérieure,
» il fallait attribuer en outre ces puissances inférieures,
» par ce motif excellent, que qui peut le plus peut le
» moins. Mais ils ont eu le tort, grâce à cette tendance
» des anciens à multiplier au hasard les abstractions,
» de faire de ces diverses facultés comme autant de
» forces substantielles. La multitude des stériles con-
» ceptions qui naquirent de là s'accrurent encore de
» l'invention des esprits. Car, comme cette première et
» absurde prétention qu'il n'y a point de commerce
» possible de ce qui est matériel et de ce qui ne l'est
» pas, paraissait mettre en danger l'immatérialité de
» l'âme raisonnable, les médecins essayèrent d'étouffer
» le scandale et de satisfaire par un mot sonore et une

» idée vide les moines toujours prêts à enfoncer les
» ongles plutôt que la faulx dans la moisson d'autrui,
» en interposant comme un moyen terme la fiction des
» esprits (1). »

Il est difficile de faire une critique plus juste et une
réfutation plus raisonnable de toutes les fictions par lesquelles on a expliqué de tout temps le commerce de
l'âme et du corps, depuis Platon, Aristote et Galien,
jusqu'à Descartes, Leibnitz et Van Helmont. Stahl est
dans le vrai tant qu'il réfute; en est-il de même quand
il veut édifier à son tour?

Stahl se moque trop bien et trop justement des philosophes qui inventent des êtres chimériques contre
toute expérience, pour chercher lui-même le principe
du mouvement et de la vie dans un être dont la réalité
ne soit pas évidente et à peu près incontestée.

Le principe de la vie, c'est l'âme, non pas une âme
spéciale, mais l'âme raisonnable, la seule qui constitue
l'homme et soit manifestement unie au corps.

L'âme, ce n'est pas la vie du corps; elle ne peut pas
même être dite vivante, mais seulement vivifique; et
elle accomplit cette œuvre de vivification, non par une
simple union avec le corps, mais par une action véritable (2). C'est en ce sens que doit être compris le mot
de l'écriture : *Homo factus est anima vivens* (3).

---

(1) *Ars sanandi*, p. 38. *Theoria medica vera*. Phys., sect. I,
membr. 1, § 10, p. 205 et suiv.

(2) *Theor. med. ver. Phys. brev. repet.*, § 7, p. 424.

(3) *Disq. de m. et v. corp.*, § 49, p. 87.

Cet acte vivifique, l'âme l'accomplit avec intelligence tout entier dans tous ses détails; elle l'accomplit en agissant sur tous les organes, dirigeant toutes leurs fonctions, usant de tous les moyens propres à arriver à la fin qu'elle poursuit.

Les organes ne sont donc, comme leur nom l'indique, que de simples instruments; c'est l'âme qui fait respirer les poumons, battre le cœur, circuler le sang, digérer l'estomac, secréter le foie; c'est elle qui fait vivre le corps en le conservant; pour le conserver, c'est elle qui maintient la matière corruptible dans sa corruptibilité essentielle, et cependant la préserve de l'acte de corruption; pour préserver le corps de cette corruption actuelle, c'est elle qui meut le sang et les humeurs, sépare les humeurs corrompues de la crase du sang et les rejette au dehors; c'est elle enfin qui, pour réparer ses pertes, le nourrit et lui assimile des substances étrangères, fait succéder le repos au mouvement et le sommeil à la veille (1).

Est-il besoin de prouver par des faits supérieurs à tous les raisonnements que ce gouvernement universel est bien une attribution de l'âme raisonnable? Les faits abondent : la plupart des parties du corps n'existent manifestement qu'en vue de l'âme; ce sont des organes faits pour elle, pour son usage exclusif et non pour une autre fin; et l'action de l'âme sur ces organes est manifestée par la volonté (2). Le corps

(1) *Parœnesis*, § 36, p. 60.
(2) *Disquisitio de mechan. et org. vera diversitate*, §§ 69 et suiv.,

lui-même tout entier est l'organe ou l'officine de l'âme. (1).

- Si le mouvement par lequel s'accomplit la vie ou la conservation du corps est une chose incorporelle, il lui faut une cause de même nature, également incorporelle. On ne peut séparer l'agent de l'acte : qui dit mouvement, dit qu'il existe un moteur ou une force motrice. Or, il n'est qu'une force de cette nature. C'est l'âme (2).

Voyez l'influence, l'action involontaire de l'âme sur le corps dans les effets des passions (3). Voyez-la surtout dans l'action d'une âme sur un corps étranger, dans celle par exemple de l'âme de la mère sur le fœtus (4).

Cette puissance que l'âme exerce manifestement sur certains organes par la volonté, elle l'exerce sur tous. Cette influence qu'elle a dans les effets des passions et de l'imagination, elle l'a continuellement et sur toutes les fonctions et sur tous les organes corporels.

Cette thèse absolue rencontre une objection toute naturelle, c'est que l'influence que l'âme exerce sur les organes des sens et de la locomotion, elle a con-

---

p. 29 et suiv. — *Demonstr. de m. et v. corp.*, § 134, p. 123. — *Theoria medica vera.* Phys. sect. I, membr. I, § 4, p. 202.

(1) *Disq. de m. et org.*, § 84, p 35; § 98, p. 42.

(2) *Disq. de m. et org.*, § 86, p. 36.

(3) *Ibid.*, § 88 et suiv., p. 37 et suiv.

(4) *Demonstr. de m. et v. corp.*, § 124, p. 118. — *Th. m. v.* Phys., sect. III, § 4, p. 350. *Phys. brev. rep.*, § 19, p. 428.

science de l'exercer, tandis qu'elle n'a pas conscience d'agir sur l'estomac, le foie ou le cœur.

Rien de plus facile pour Stahl que de répondre à cette objection. D'abord, l'âme a-t-elle conscience de l'effet que produisent ses passions sur le corps? Et cependant cette action n'est-elle pas réelle et incontestable? Cette action, l'âme ne l'exerce-t-elle pas aussi involontairement, et cependant la peut-on nier pour cela?

Non-seulement l'âme agit sur le corps, mais elle en connaît tous les organes, le mélange et tous les détails, sans qu'il soit nécessaire de supposer, malgré les faits, qu'elle a conscience de sa science et de son action (1).

Cette difficulté provient de ce qu'on ne veut pas faire une distinction, cependant essentielle, entre deux manières de connaître, λόγον et λογισμὸν, *rationem* et *ratiocinationem*.

L'âme semble étrangère à ces fonctions, parce qu'elle n'a pas conscience de les gouverner; elle en devrait avoir conscience, dit-on, si elle y intervenait. C'est une erreur; mille autres mouvements sont dirigés par l'âme dans leurs moindres détails, sans qu'elle ait seulement conscience, non pas qu'elle les dirige, dans quel but et comment, mais simplement qu'elle les veut. Par exemple, quand elle mesure le mouvement nécessaire pour franchir un fossé, ou sauter en mesure, ou lancer une pierre à une certaine distance, a-t-elle seulement conscience qu'elle fait cet acte général? Elle sait donc

_____

(1) *Disq. de m. et org.*, § 90, p. 38. — *Th. m. v. Phys.*, sect. I, membr. III, § 3, p. 215; § 13, p. 218.

bien moins distinctement encore comment elle le fait (1).

Λόγος, *ratio*, c'est la simple connaissance; λογισμός, *ratiocinatio*, c'est une science raisonnée. Λόγος, c'est la simple connaissance des choses les plus subtiles et les plus élémentaires; λογισμός, c'est la comparaison de plusieurs choses et surtout des choses connues dans les circonstances les plus grossières, sensibles, visibles et tangibles (2).

Mais ce ne sont point là les seules attributions de l'âme et les seules fonctions qu'elle exerce dans son corps, car là ne se bornent point les attributions du principe de la vie. Réduite à ces fonctions, la conservation du corps serait impossible.

Il ne suffit pas que la matière corruptible dont le corps se compose soit préservée de l'acte présent de la corruption par les trois mouvements circulatoire, secrétoire et excrétoire. Le péril présent une fois passé, il faut pourvoir à l'avenir. Le corps s'appauvrit par cette déperdition continuelle de matières excrétées; le sang a besoin d'une restauration et d'une restitution matérielle.

C'est à quoi servent la nourriture et la boisson qui fournissent les matières réparatrices (3). La nutrition fait donc partie intégrante du mouvement conserva-

____

(1) *Disquisitio de mech. et org.*, § 90, p. 38.

(2) *Th. m. v.* Phys. sect. I, membr. I, § 21, p. 208 et suiv.; sect. VI, § 11, p. 417 et suiv.

(3) *Th. m. v.* Phys., sect. II, membr. II, §§ 1, 2, p. 318.

teur. Elle se compose de l'appétit, du mélange de la salive avec les aliments, de la détention de la nourriture dans l'estomac, de la contraction de l'estomac et des intestins, de l'extraction et de la distribution de la substance alimentaire prochaine, enfin de l'apposition et de l'assimilation de cette substance aux parties à restaurer (1).

Si le mouvement en général est favorable à la conservation du mélange corporel, un mouvement volontaire et extérieur, une locomotion modérée, ni trop violente, ni trop prolongée, lui est aussi favorable; et il faut encore que le repos lui succède tempestivement (2). Aux mouvements intérieurs et vitaux doit enfin s'ajouter l'acte de sentir, et au repos, c'est-à-dire à la cessation de l'acte locomoteur, le sommeil, c'est-à-dire la suspension de l'acte de sentir (3). Car la sensation est nécessaire à la conservation du corps ainsi que la locomotion pour percevoir au dehors les choses nuisibles au corps et le soustraire à leur action, soit en l'éloignant d'elles, soit en les écartant de lui. Le repos et le sommeil ne sont pas moins nécessaires pour réparer par l'inaction l'énergie dépensée à sentir et à mouvoir (4).

C'est encore l'âme qui accomplit tout cela dans les organes et restaure le corps qu'elle est déjà chargée de conserver ou plutôt de préserver.

(1) *Ibidem*, sect. III. § 2, p. 350.
(2) *Th. m. v.* Phys., sect. II, membr. III, §§ 1 à 11, p. 329, 330, 331.
(3) *Ibid.*, membr. IV, p. 332 et suiv.
(4) *Ibid.*, sect. V, p. 395 et suiv. ; sect. VI, p. 413 et suiv.

En général, « l'âme joue le plus grand rôle dans l'affaire même de la nutrition (1). »

« La faim et la soif, ce n'est pas le besoin, c'est la
» volonté de manger et de boire, une volonté tellement
» manifeste que, si elle n'est pas satisfaite, l'esprit est
» incapable et inhabile aux autres choses. La preuve,
» c'est que l'attention à un autre objet, le jeu, le spec-
» tacle, la nausée font oublier l'appétit, et qu'au con-
« traire, quand on ne fait rien, on a faim, on veut manger, pour ne pas ne rien faire (2). »

« Donc, l'appétit est un acte de ce principe qui,
» comme il a besoin, non-seulement de son corps orga-
» nique, mais que ce corps dure, doit être aussi néces-
» sairement attentif à sa conservation et à sa restaura-
» tion et doit, puisqu'il veut la fin, vouloir aussi les
» moyens qui répondent à cette fin (3). »

La salivation est encore un acte de l'âme ; il est absurde de la vouloir expliquer par le seul mouvement
de la mastication ; tout le monde sait que l'eau vient à
la bouche à la vue d'un mets agréable et que la salive
ne se mêle pas aux mets insipides, même longtemps
mâchés (4).

La déglutition est aussi un acte volontaire ; la nausée
qui provoque le vomissement en est une preuve suffisante (5).

(1) *Ibid.*, sect. III, p. 349.
(2) *Ibid.*, § 4, p. 350.
(3) *Th. m. v.* Phys., sect. III, §§ 8, 12, 14, p. 351, 353.
(4) *Ibid.*, § 16, p. 354.
(5) *Ibid.*, § 17, p. 355.

C'est l'âme encore qui dissout les aliments dans l'estomac; ce ne sont pas les matières ingérées qui stimulent cet organe à se contracter, non plus que les intestins, c'est l'âme. La simple pensée d'une médecine suscite en effet ces contractions; et certains animaux ont la puissance de garder les aliments pendant des heures et des jours ou de les expédier à volonté (1).

«Il est manifeste que les mouvements de l'estomac et
» des intestins sont si bien accommodés aux conditions
» de la matière à mouvoir, que le commencement de ce
» travail ne dépend pas tant d'une excitation corporelle
» quelconque que d'une estimation de la maturité re-
» quise pour les usages ultérieurs; il en est de même
» de sa marche et de ses progrès, toujours gouvernés
» de telle sorte que rien ne se fasse plus promptement
» qu'il ne faut, et que toutes choses se passent dans
» leur ordre naturel sans trouble et sans empêche-
» ment (2). »

« On répète après Van Helmont que la résolution des
» aliments dans l'estomac se fait par fermentation, et on
» imagine des ferments particuliers qui provoquent des
» mouvements spéciaux (3). On fait ainsi de l'estomac
» non-seulement le siége, mais la source d'un ferment.
» Mais on ne voit rien dans l'estomac qui puisse élabo-
» rer cette matière spéciale. En vain l'on suppose que
» l'estomac aspire de la rate une *aura fermentalis*; il

(1) *Ibid.*, § 39, p. 363.
(2) *Th. m. v.* Phys., sect. III, § 40, p. 363.
(3) *Ibid.*, §§ 18, 19, p. 355, 356.

» n'est pas besoin de ce ferment, puisque la salive est
» une substance fermentante et que la chaleur, la bile
» et le suc pancréatique lui viennent en aide (1). »

Quant à l'assimilation, elle réclame tant d'intelligence qu'elle est manifestement aussi un acte de
l'âme.

« Cette ordonnance parfaite, qui se conserve d'une
» façon si exquise depuis les premiers commencements
» jusqu'à la grandeur dernière d'un corps animal, est
» un acte vraiment électif qui doit être si bien réglé
» point par point que, dans tout âge, sous toute gran-
» deur, il atteigne et conserve toujours sa figure et sa
» proportion (2). »

« Le dernier acte de la nutrition, appelé vulgaire-
» ment assimilation, est vraiment organique, c'est-à-
» dire, se fait sans aucun instrument intermédiaire, de
» quelque nom qu'on l'appelle, mais immédiatement par
» un mouvement spécial, avec nombre, ordre et compo-
» sition. Car l'assimilation n'est autre chose que la sé-
» paration des corpuscules qui conviennent à la consis-
» tance de chaque partie, des autres corpuscules de
» caractères différents nageant dans la liqueur de la
» lymphe, l'envoi de ces particules vers les lieux où
» elles doivent être apposées et rester désormais, et
» leur mélange avec la susbtance du corps ; et cela, non
» pas autant qu'il se présente de matière, mais autant
» que de jour en jour, d'année en année, à travers

(1) *Ibid.*, §§ 21, 22, 23, p. 356, 357.
(2) *Ibid.*, § 55, p. 365.

« toutes les périodes de la vie, il convient d'en apposer
« en proportion perpétuelle (1). »

C'est l'âme encore qui secrète toutes les humeurs
nourricières dans les organes particuliers selon les besoins du corps, par exemple le lait, « dont la secrétion
» se fait, lorsque la mère doit être attentive à la nour-
» riture de son enfant nouveau-né (2). »

L'excrétion du reliquat des matières ingérées se fait
par des mouvements réguliers péristaltiques que l'âme
gouverne avec période et mesure (3).

A plus forte raison la sensation et la locomotion sont-
elles des actes de l'âme?

« Reste à parler de cet acte qui ne paraît pas avoir
» trait directement à la conservation de la vie, mais qui
» sert de toute façon cependant à éviter les plus gros-
» sières destructions du corps... Qu'il nous suffise de
» montrer que la sensation, non-seulement sert ou est
» utile simplement à la conservation du corps, mais est
» absolument nécessaire à ce but. De même que la vie
» regarde directement le mélange du corps et son in-
» cessante libération des matières subtiles corrom-
» pantes ou corrompues, et cela par des mouvements
» proportionnés à de telles matières, c'est-à-dire, secré-
» toires et excrétoires; ainsi la sensation et le mouve-
» ment local sont occupés d'abord et tout à fait direc-
» tement à la conservation de la structure du corps, à

(1) *Th. m. v.* Phys., sect. III, § 52, p. 367, 368.
(2) *Ibid.*, sect. I, membr. VII, art. 7, § 3, p. 278.
(3) *Ibid.*, art. 5, p. 270 et suiv.

» sa libération des choses grossières, et cela, par des
» actes proportionnellement aussi grossiers, c'est-à-dire
» par l'éloignement local du corps lui-même ou par celui
» de ces choses. De sorte que la première fin de la sen-
» sation est la conservation de la structure du corps, par
» l'intermédiaire des mouvements locaux volontaires,
» en soustrayant le corps aux choses nuisibles ou en
» les écartant de lui (1). »

« La cause efficiente du mouvement local est l'âme
» raisonnable et non toutes les causes mécaniques ou
» esprits imaginés par les philosophes, ni ce principe
» que Van Helmont distingue de la *Mens*. Toutes les
» chimères *vis* et *nisus*, qui seraient données à la ma-
» tière par la volonté divine, sont aussi semblables à
» cet agent raisonnant de Van Helmont qu'un œuf à un
» œuf. Pour moi, cet être qui, non-seulement raisonne,
» mais, sans raisonner, par le ministère de la sensa-
» tion, c'est-à-dire en faisant agir et dirigeant son orga-
» nisme, comprend le vrai et, de l'une et de l'autre fa-
» çon, non-seulement veut, mais exécute en effet sa
» volonté par des mouvements, ce principe, je dis que
» c'est l'âme raisonnable, et je lui attribue le pouvoir
» de produire et de diriger les mouvements locaux (2).

Le repos et le sommeil, qui font encore partie de
l'acte réparateur, sont aussi des effets dont l'âme est le
principe. « Le sommeil est un effet auquel l'âme elle-
» même s'applique, auquel elle fait positivement une

---

(1) *Th. m. v.* Phys., sect. V, § 3, p. 395.
(2) *Th. m. v.* Phys., sect. VI, § 7. p. 416.

» place, qu'elle entreprend et accomplit absolument
» avec une raison et une méthode fixe, comme elle
» doit et peut (1). » Elle sait ce qu'elle fait en agissant
ainsi et pourquoi elle le fait, sans en avoir une conscience nette et distincte. Le sommeil est, pour Stahl
comme pour Cabanis, une véritable fonction, mais c'est
une fonction de l'âme et non pas du cerveau.

L'âme est donc la conservatrice du corps en même
temps qu'elle en est en général la cause motrice; elle
le conserve en le préservant de la corruption actuelle
et en le restaurant; en un mot, elle le fait vivre : « C'est
» un devoir qui lui incombe (2). »

L'âme fait tout cela, et ce n'est point assez encore.

Le principe de la vie, quel qu'il soit, n'a-t-il donc
d'autres attributions et d'autres pouvoirs que d'entretenir la vie dans le corps une fois formé; et faudra-t-il
recourir pour former le corps, soit à un archée, soit à
un esprit particulier, soit à une intervention immédiate
de Dieu lui-même?

Arrière toutes ces chimères et ces hypothèses vaines.

« A priori l'âme elle-même peut administrer ces choses;
» bien plus, comme elle doit être l'usufruitière des fins
» et des usages de la structure du corps, selon la plus
» saine conception, elle le peut, bien plus que tous les
» autres agents, et même elle le doit faire très-vrai-
» semblablement, puisque le corps doit être construit

---

(1) *Ibid.*, sect. II, membr. IV, § 3, p. 332,
(2) *Ibid.*, Phys. *brev. rep.*, § 20, p. 428.

» et formé uniquement et simplement pour ses usages,
» ses fins et ses nécessités (1). »

Ce n'est pas assez que l'âme puisse et doive construire
elle-même son propre corps, il faut prouver qu'elle le
fait. Ce qui le prouve, c'est, « à posteriori, la déforma-
» tion et la réformation du corps selon des idées, inten-
» tions et volontés imaginaires ;... c'est l'efficacité des
» impressions de la mère sur l'âme de l'enfant, d'où
» naissent des désirs immodérés, d'insurmontables
» terreurs, craintes, anxiétés de l'imagination de la
» mère qui, d'autres fois ou dans ces circonstances
» mêmes, imprime au corps une conformation hétéro-
» clite (2). »

L'âme est l'architecte de son propre corps.

« Elles sont donc vaines toutes ces dénominations de
» semences, ferments, image du ferment, idée opéra-
» trice, platonique et forme informante aristotélique,
» de *nisus* des modernes, d'appétit naturel des anciens,
» de nécessité de la matière, de mouvement donné à la
» matière par la volonté divine elle-même; ce ne sont
» que des jeux (3). »

« Toutes ces inventions sont détruites par ce fait,
» qu'il faut une période déterminée pour la formation
» parfaite et absolue du fœtus, et cela non-seulement
» pour qu'en somme il arrive au jour, mais aussi en
» particulier pour qu'il exécute sensiblement des mou-

(1) *Th. m. v.* Phys., sect. IV, § 8, p. 372.
(2) *Ibid.*, §§ 9, 10, 14, p. 373, 375.
(3) *Ibid.*, § 28, p. 380.

» vements animaux ou locaux... Une femme met au
» jour un enfant grand et robuste ; une autre fois elle
» en fait de petits et de faibles, et cela dans le même
» espace de temps ; et toujours à la moitié de la pé-
» riode, elle sent les mouvements du fœtus. Ce qui ne
» pourrait avoir lieu, si cette formation se faisait par
» une apposition mécanique de la matière ; car il est
» contraire à toute raison qu'une petite masse non-seu-
» lement exige autant de temps pour se former, mais
» encore exige une période absolument égale et
» également mesurée (1). »

« Disons encore un mot de la pensée de ceux qui
» veulent que Dieu soit l'auteur immédiat de la mer-
» veilleuse structure de notre machine animale, à cause
» de son art extrême, plus pieusement que raisonnable-
» ment, dirai-je, moins raisonnablement et par consé-
» quent moins pieusement qu'il ne faudrait. Comment,
» en effet, soumettront-ils Dieu à une passion si évi-
» dente, qu'il mette sa puissance au service des ima-
» ginations de la mère ? Cette soumission paraîtra cer-
» tainement à tous peu digne de Dieu, d'autant moins
» que cette excuse, que Dieu agit ainsi peut-être pour
» la punition des mères, n'a rien de vraisemblable, puis-
» qu'il est connu plus que toute autre chose que les
» mères fournissent l'occasion de ces taches sans ma-
» lice, ni péché aucun, par exemple, dans une terreur
» résultant d'une violente effusion de sang, d'une
» flamme aperçue avec frayeur dans un incendie ; de là

(1) *Th. m. de Phys.*, sect. IV, § 34, p. 382.

» ces taches sanglantes ou ignées et en même temps
» l'impression sur l'âme de l'enfant d'une crainte sem-
» blable des mêmes événements (1). »

« En dernier lieu, je répète en un mot qu'il n'y a pas
» plus de difficultés à attribuer à l'âme la puissance
» même de former ou de déformer le corps pendant le
» reste de la vie par la nutrition continuée, qu'à lui
» donner celle que personne ne lui refuse, de régir et
» diriger les mouvements du corps, ce qui ne peut que
» paraître très-évident à tous les sages appréciateurs de
» ces choses (2). »

Il est naturel qu'une doctrine comme celle de Stahl
ou de Van Helmont, où l'âme se fabrique elle-même
son propre corps, repousse toutes les hypothèses de
préexistence et de préformation des germes, défendues
par Malebranche, Leibnitz, Leuwenhoeek, Malpighi, et
plus tard par Buffon et Ch. Bonnet.

« Il faut laisser de côté toutes ces vaines hypothèses,
» selon lesquelles tous les corps humains, animaux ou
» végétaux, qui naissent ou peuvent naître, sont enfer-
» més dans un premier individu et le sont encore dans
» un second, ou toute autre supposition de même valeur,
» suivant laquelle les corps individuels de toutes
» espèces, les corps, dis-je, avec leur structure entière et
» parfaite, mais d'une petitesse extrême, formés dès la
» création, remplissent en nombre fabuleux le monde
» entier, l'air, l'eau, etc., dont quelques-uns arrivent,

(1) *Th. m. v.* Phys., sect. IV, § 33, p. 383.
(2) *Ibid.*, § 34, *ibid.*

» par expansion et par remplissage, à leur grosseur
» présente, ou encore cette autre hypothèse, selon la-
» quelle les corps existent, subsistent et agissent par
» soi (1). »

Il n'est pas douteux que dans la pensée de Stahl chaque âme individuelle répare son propre corps; mais,
pour le construire de toutes pièces une première fois,
deux âmes au moins, sinon trois, sont en concurrence,
celle de la mère qui renferme le fœtus dans son sein et
celle du fœtus lui-même ; l'âme du père peut être mise
hors de cause. Quelle part revient à chacune dans la
formation du corps de l'enfant?

L'âme de la mère fournit la substance, la matière
corporelle et aussi les idées ou le plan général du corps
et la méthode de cette architecture humaine ; mais c'est
l'âme de l'enfant qui met la matière en œuvre et exécute le plan.

« C'est la femme qui fournit la matière du corps de
» l'enfant, et la matière première et la matière nutri-
» tive, quoi qu'en dise Leuwenhoeck avec ses animal-
» cules spermatiques qui nagent dans la semence en
» grand nombre et dont un seul devient le fœtus. Les
» observations de Malpighi sur l'œuf infécond et cepen-
» dant tout formé, sont bien plus concluantes (2). »

« C'est l'âme de l'enfant lui-même qui reçoit d'abord
» ces idées selon lesquelles elle opère une telle confi-
» guration matérielle (3). » — « Le fœtus et toutes les

(1) *Th m. v.* Phys., sect. III, §§ 50, 52, p. 366, 367.
(2) *Ibid.*, sect. IV, §§ 36, 37, 38, p. 384, 385.
(3) *Ibid., ibid.*, § 13, p. 375.

» parties qui l'entourent, l'enveloppent et le contien-
» nent immédiatement, jouissent d'une vivacité qui
» leur est propre et non étrangère (1). »

Ici se présente naturellement une question qui a
échappé à Stahl ou qu'il a passée sous silence dans l'impossibilité de la résoudre : si c'est l'âme du fœtus qui
fabrique sciemment son propre corps, pourquoi le
fait-elle mâle ou femelle? A moins que le sexe ne
soit dans les âmes en même temps que dans les corps,
un ouvrier si habile doit avoir une raison de ce qu'il
fait.

On ne saurait exiger du physiologiste qui, distinguant
l'âme du principe de la vie, n'accorde à celui-ci ni la
volonté, ni l'intelligence, qu'il explique comment et
pourquoi l'enfant qui vient au monde appartient à un
sexe plutôt qu'à un autre ; mais il semble toujours
qu'on soit en droit d'attendre davantage de celui qui,
donnant au principe de la vie la raison et la volonté,
paraît pouvoir pénétrer plus avant dans les secrets de
la nature et de la vie, puisqu'ils sont devenus ceux de
l'âme raisonnable.

La question de la génération est engagée tout entière
dans cette opinion de Stahl sur la formation du fœtus
par l'âme qu'il renferme ; mais elle n'est pas entièrement résolue par cette seule réponse que le germe n'est
pas préexistant, qu'il est fabriqué par l'âme du fœtus
lui-même. Il importe encore de savoir, si cela est possible, dans la doctrine de Stahl plus que dans toute

_____

(1) *Th. m. v.* Phys., sect. IV, § 39, p. 385.

autre, d'où vient l'âme du fœtus. Et il semble aussi que Stahl doive et puisse nous en apprendre sur ce sujet plus long que qui que ce soit.

« Quel est le sexe qui communique le principe actif?
» Différents arguments militent en faveur du mâle et
» de la femelle (1)... L'antiquité pensait que le mâle
» fournit l'âme et la femelle le corps, et l'histoire de la
» création dans la Genèse autorise cette croyance, puis-
» que l'homme eut une âme propre qui lui fut inspirée ;
» la femme participa à l'âme de l'homme prise à son
» corps vivant ou animé. Les œufs inféconds de la poule
» qui n'a pas connu le coq, et féconds quand elle l'a
» connu, semblent aussi le prouver (2). »

Chacun a donc sa part dans cette grande œuvre de la formation d'un nouvel être humain : la mère, le père, et l'enfant lui-même à son tour. L'âme de la mère fabrique le germe, l'âme du père l'anime, le doue d'un principe de vie, d'une nouvelle âme qui achève et parfait l'ébauche que la mère a commencée.

Mais d'énormes difficultés naissent : comment l'âme peut-elle être communiquée avec le sperme (3)?

« Il ne nous est pas donné de connaître toutes choses
» dans le dernier détail, mais cela non plus n'est pas
» indispensable. Il suffit souvent de savoir le fait, sans
» en savoir le comment. Ainsi, c'est assez de savoir
» que l'âme raisonnable est dans le corps, qu'elle le

(1) *T⁴. m. v. Phys.*, sect. IV, § 16, p. 376.
(2) *Ibid.*, § 19, p. 377.
(3) *Ibid.*, § 12, p. 374

» construit et qu'elle en gouverne les fonctions ; il est
» permis d'ignorer le reste (1). »

Quoique cette fin de non-recevoir soit légitime,
Stahl ne s'y tient pas toujours ; ce qu'il est permis
d'ignorer, parfois il prétend le savoir.

« L'énergie active est communiquée réellement et
» substantiellement dans la génération. D'où résulte
» cette conception la plus probable de toutes, que ce
» principe est transmis par le sperme ; quoiqu'il ne soit
» pas nécessaire de supposer pour cela qu'il est dedans
» le sperme comme matériellement et qu'il y existe
» toujours, mais qu'il y est imprimé et comme suscité
» par l'acte extérieur de la génération. Je pense qu'on
» ne doit pas attendre une conception plus claire d'une
» chose de tous points obscure (2). »

Certes, la question est obscure, mais la réponse de
Stahl est aussi obscure que la question ; elle est du
moins prudente et plus sensée que d'autres, parce
qu'elle est plus réservée, et pourrait même l'être encore
davantage ; mais la faute n'en est pas tout à fait à Stahl,
si, poussé à bout par autrui, il cherche à résoudre une
question qu'il déclare lui-même insoluble et peut prê-
ter ainsi à je ne sais quelles interprétations fort éloi-
gnées sans doute de son esprit.

Il va sans dire que, si l'âme est le principe de la vie,
les animaux, non-seulement ne sont pas des machines
à la façon de Descartes, mais qu'ils ont une âme douée

(1) *Th. m. v.* Phys., sect. IV, p. 274.
(2) *Ibid.*, sect. I, membr. VII, art. 6, § 13, p. 277.

des mêmes puissances que l'âme humaine, du moins en tant que le principe de la vie est architecte de son corps.

« On dit que les brutes ne sont absolument que de
» simples machines qui n'ont aucune fin de leur exis-
» tence, si ce n'est que Dieu a voulu qu'elles fussent
» et qu'elles fussent telles. Ils disent en outre que tout
» acte qui s'accomplit dans leur corps, dans chaque
» partie et dans toutes, est produit par une cause, non
» pas efficiente, et en vue d'une fin, mais telle qu'elle
» accomplit simplement ces actes les plus spéciaux
» sans but ni intention, de sorte qu'elle est indifférente
» à ce que ces actes aient ou n'aient point lieu. Mais la
» volonté divine, n'est-ce pas la plus noble de toutes les
» fins, de sorte qu'on ne peut pas dire que les animaux
» sont de simples machines (1). »

Voilà certes une bien faible réfutation de l'automa-tisme cartésien ; mais l'important n'est pas que Stahl réfute bien ou mal cette erreur : il suffit qu'il ne l'ac-cepte pas. Or, les passages abondent pour prouver que Stahl accorde aux bêtes une âme architectonique. La leur refuser, serait de la part de Stahl la plus grossière inconséquence et une erreur bien plus grave que l'hy-pothèse cartésienne. Car, la vie n'étant pour Descartes qu'un effet supérieur des lois mécaniques, un animal sans âme n'en est pas moins un vivant ; pour Stahl au contraire, pour qui l'âme est le principe vital, refuser une âme aux bêtes, serait leur refuser la vie. L'animal

(1) *Disq. de mech. et org.*, §§ 64, 65, p. 26, 27.

cartésien est une machine semblable à celle de l'homme; la bête vit aussi bien que l'homme, l'homme ne vit pas plus qu'elle; mais l'homme de Stahl vit, et la bête privée d'âme ne vivrait pas; il y aurait entre le corps humain et celui de la brute une différence que l'expérience ne permet pas de supposer et qui ruinerait le principe de l'animisme et de la médecine stahlienne (1).

L'opuscule *De frequentia morborum in homine præ brutis* repose tout entier sur cette croyance que les animaux ont une âme, et il prouve aussi par des raisons qu'on verra plus tard que Stahl n'accorde pas à l'âme des bêtes les mêmes facultés qu'à celles de l'homme; elle est incapable de raisonnement.

Mais, si l'âme est le principe de la vie, les végétaux ne sont-ils pas des êtres vivants? Ne doivent-ils pas avoir une âme à ce titre? C'est une conclusion à laquelle Stahl aurait dû être amené par la rigueur de sa doctrine; mais, soit qu'il ne vît pas assez manifestement l'acte vivifique de l'âme, le mouvement, dans ces *animaux enracinés*, soit que son bon sens reculât cette fois devant cette extrême conséquence, les plantes ne sont pour lui que des êtres *mélangés*, non vivants, qui se propagent fortuitement, non par désir et volonté (2).

---

(1) *Disq. de mech. et org.*, § 66, p. 27; § 47, p. 20.—*Demonstr. de m. et v. corp.*, § 122, p. 118. — *Parænesis*, § 39, p. 61.

(2) *Demonstr. de mixti et vivi corp*, § 10, p. 73.

CHAPITRE V.

PATHOLOGIE ET THÉRAPEUTIQUE NATURELLE.

L'âme médecin de son corps. Méthode curative de l'âme. La fièvre,
moyen de guérison, effort volontaire de l'âme. Erreurs du principe
de la vie. Causes de la maladie. Les tempéraments et les caractères, leurs rapports. Cause de la mort.

Là s'arrêteraient les attributions de l'âme raisonnable, si le corps ne connaissait ni la maladie, ni la
mort. La maladie ouvre à l'animisme un nouveau champ
où il se développe avec la même rigueur. Les fonctions
organiques de l'âme s'étendront aussi loin que peut
s'étendre naturellement le pouvoir du principe de vie,
aussi loin que peut l'étendre l'imagination se substituant
à l'observation et à la raison.

Le principe de vie conserve et entretient la vie du
corps une fois formé par l'accomplissement volontaire
de toutes les fonctions animales. Il forme ce corps avec
la matière fournie par la substance de la mère.

Mais cette matière, dont l'essence est la corruptibilité, n'est pas seulement sujette à cette corruption de
tous les instants, naturelle et intérieure, à la réparation
de laquelle suffisent le repos, la nutrition et les fonctions secrétoires et excrétoires d'organes spéciaux. Elle
reçoit encore d'ailleurs de rudes assauts.

La matière se corrompt sans cesse ; mais, tant que
les fonctions s'accomplissent convenablement, le corps

n'en est pas moins en bonne santé, ou bien il ne l'est jamais, car la santé n'est que la régularité des fonctions (1).

La maladie a donc, sinon une autre origine première que la corruptibilité du mélange corporel, du moins une autre nature et un tout autre résultat ; car cette corruptibilité s'allie fort bien avec la santé qui exclut au contraire la maladie.

Il est difficile à Stahl de donner de la maladie une définition générale et rigoureuse. Ce n'est ni la corruptibilité, ni même la corruption de la matière qui résulte nécessairement de cette corruptibilité, puisque cette corruptibilité est essentielle au corps vivant, et que la secrétion et l'excrétion sont des fonctions régulières qu'accomplit l'âme dans un corps sain et d'autant plus sain qu'elle les accomplit mieux. Ce n'est qu'une corruption qui dépasse certaines limites et que néglige ou traite maladroitement l'âme conservatrice.

Il est impossible de séparer dans le système de Stahl la pathologie de la thérapeutique, comme il est facile de le faire dans tout autre système. Selon Stahl, en effet, c'est l'âme qui guérit le mal ou s'efforce de le guérir, et c'est elle aussi qui le plus souvent l'engendre, le laisse faire invasion dans le corps ou l'aggrave par les mêmes procédés dont elle se sert pour l'éloigner ; seulement, tantôt elle en use avec sagesse et à propos, tantôt intempestivement et sans ordre. Ce n'est donc que dans quelques cas particuliers que la

(1) *Th. m. v.* Phys., sect. I, § 6, p. 201.

pathologie peut être parfaitement distinguée de la thérapeutique ; le plus souvent, le mal et ses symptômes ne sont autres que les efforts de l'âme et leurs effets. Toujours la maladie et le remède se mêlent en se combattant, en se fortifiant réciproquement, et marchent côte à côte jusqu'à la solution dernière, où ils s'arrêtent tous deux, comme ils proviennent tous deux de la même cause.

La seule distinction bien marquée que l'on puisse faire et que nous ferons, consistera à séparer de tout le reste, de la pathologie et de la thérapeutique naturelle, de celle que l'âme exerce, la thérapeutique du médecin, l'art qui est bien peu de chose dans une semblable doctrine.

Il est surtout impossible, quelque distinction que l'on parvienne à établir dans l'exposition entre ces deux parties de la science médicale, la pathologie et la thérapeutique, de commencer par l'exposition de la pathologie, comme le demande l'ordre naturel des choses et comme font les autres systèmes : la science du mal avant celle du remède. Ici, c'est autre chose. Le remède, c'est l'âme qui l'administre, et les efforts de l'âme dans la maladie sont la chose la plus visible et qui instruit le mieux l'observateur sur la nature du mal. En voyant ce qu'ordonne le médecin au malade, on peut savoir, sans connaître le malade, pour quelle maladie on le traite. Ce ne serait pas un moyen à employer en toute occasion pour connaître la maladie d'un homme ; mais ici c'est le meilleur et peut-être le seul, car le médecin se montre et c'est le plus habile de tous, la na-

ture, tandis que le mal se cache. C'est donc la thérapeutique naturelle qui éclairera d'abord la pathologie
générale, et toutes deux réunies éclaireront en dernier lieu la thérapeutique du médecin humain et étranger, l'art.

Il y a des circonstances où la maladie s'attaque au
corps et menace de le détruire. N'est-il pas dans les
attributions du principe de la vie, par conséquent de
l'âme, de lutter contre la maladie ? Cette lutte du principe de la vie contre le mal n'est-elle pas manifestée
par l'expérience de chaque jour ?

Stahl n'est pas le premier qui ait reconnu l'effort de
la nature contre la maladie, mais personne mieux que
lui ne l'a mis en lumière. Il y a des maladies qui procè-
dent évidemment avec régularité et par périodes. D'où
vient donc cet ordre, si ce n'est de la nature qui dirige
la maladie pour la conduire à bonne issue ? Les fièvres
réglées en sont le plus éclatant exemple, et cette observation de la marche de la nature a la plus grande
importance et produit les plus grands résultats tant
théoriques que thérapeutiques.

Il y a dans ce seul fait une multitude de choses
qu'il importe de bien établir et surtout de bien distinguer.

La nature est le premier guérisseur de tous les maux.

« Dès les premières années de ma jeunesse, je n'ai
» pu m'empêcher de me demander avec étonnement
» pourquoi jamais on ne se propose l'exemple qui s'of-
» fre à nos yeux par tout l'univers, tandis qu'on répète
» perpétuellement mille raisonnements sans résultat;

» sans mesure, sans ordre, dans des discours, des écrits,
» des dissertations, des traités et des volumes, et qu'on
» les broie, selon le proverbe allemand, comme de la
» paille vide. Or ce que j'entends, c'est cette guérison
» de maladies graves accomplie sans l'intervention
» d'artifices étrangers par la seule force interne, de-
» mestique et économique de la nature (1). »

Cet effort de la nature est visible, et il trahit en même
temps son procédé. Comme le mal consiste dans la
corruption de la matière, le procédé de la nature consiste à « mûrir ou préparer les matières étrangères,
» à les séparer ou secréter, enfin à les éliminer ou ex-
» créter (2). »

» J'avais sans cesse sous les yeux les exemples par
» lesquels la nature dans les différentes maladies attend
» la maturité des humeurs corrompues, secrète les
» matières mûres et excrète les matières secrétées, rend
» à sa pureté première le corps purgé des choses étran-
» gères, répare et restaure le dommage éprouvé (3). »

» C'est la sagesse et la puissance divines qui ont
» donné à la nature ce pouvoir, cette manière d'agir qui
» consiste 1° à mûrir, 2° à sécréter, 3° à excréter, que le
» médecin doit observer et contempler (4). »

Comme la maladie ne diffère pas essentiellement,
mais seulement par le degré, de cette corruption ac-

(1) *Ars sanandi*, p. 14.
(2) *Ibid.*, p. p. 17.
(3) *Ibid.*, p. 16.
(4) *Ibid.*, p. 28, 29.

tuelle de la matière qui se peut allier avec la santé, ainsi le procédé thérapeutique de la nature ne diffère pas non plus essentiellement du procédé conservateur ; l'action de l'âme y est seulement plus énergique et plus attentive (1).

Ce n'est pas assez de reconnaître en général dans les maladies l'effort conservateur de l'âme, il importe surtout de bien distinguer parmi les symptômes ceux qui sont l'effet de la maladie elle-même ou qui la constituent, et ceux qui, loin de résulter de la maladie ou d'en faire partie, sont au contraire suscités contre elle par l'âme conservatrice. Les anciens ont bien reconnu l'effort général de la nature, mais ils n'ont pas su faire cette distinction capitale entre le fait de la maladie et celui de la nature, entre ce que la nature souffre dans la maladie et ce qu'elle fait. Et non-seulement les anciens, mais les modernes aussi ont commis cette confusion dont la gravité se comprend facilement ; car, si le médecin veut lutter avec son art contre la maladie et en vaincre les effets, il arrêtera les efforts salutaires de la nature, à moins qu'il ne sache les distinguer de ceux de la maladie elle-même.

L'exemple le plus remarquable de cette confusion est dans la fièvre que tous les médecins regardent comme un effet de la maladie, quand elle n'est au contraire bien évidemment qu'un effort puissant et fréquent de la nature contre le mal.

« J'affirme et je me fais fort de démontrer que la

(1) *Ars sanandi*, p. 41, 42.

» fièvre (en général et dans tous les cas particuliers)
» n'est pas une maladie dans le sens qu'on lui assigne
» de tout temps et jusqu'à ce jour, mais un acte entre-
» pris par la nature et toujours gouverné, autant qu'il
» est en elle, avec ordre et circonspection, pour purger
» et débarrasser le corps des matières étrangères qui
» doivent plus ou moins promptement lui nuire, et pour
» lui rendre sa pureté en les mûrissant, secrétant et
» excrétant. Et que tous ces symptômes de la maladie,
» comme on a coutume de les appeler, qui intervien-
» nent dans le mal et se mêlent à lui, ne sont pas du
» tout produits par la cause morbifique elle-même,
» mais résultent simplement de ces actions que la na-
» ture a entreprises et doit continuer tant qu'il en sera
» besoin pour le salut du corps. Et que la fièvre, en soi
» et par soi, maîtresse de marcher, de progresser, de
» se produire librement avec ordre et sans empêche-
» ment, ne doit jamais être estimée périlleuse, bien
» loin qu'elle soit funeste (1). » — « Il est clair que la
» marche de la fièvre est non-seulement l'unique res-
» source par laquelle la nature peut se secourir elle-
» même, mais qu'elle lui est encore propre et très-fa-
» milière (2). » — « Les vraies actions fébriles, tendant
» à la conservation salutaire de la vie par des sécrétions
» successives proportionnées et des excrétions tempes-
» tives, et par l'expulsion, à l'aide de ce moyen, de la
» matière morbide, doivent non-seulement être tolé-

(1) *Ars sanandi*, p. 156, 157.
(2) *Th. m. v.* P. 2. special. sect. IV, § 18, p. 708.

» rées, mais même respectées, gouvernées, et de toutes
» façons aidées et suscitées plutôt que négligées et
» surtout empêchées. Telle est ma théorie générale des
» fièvres (1). »

On diffame la fièvre, Stahl la réhabilite ; au lieu d'être
l'ennemie de l'homme, elle est au contraire sa meilleure auxiliaire. Elle n'a d'autre cause qu'une cause
morale (2).

S'il arrive que la fièvre s'aggrave outre mesure et
qu'elle semble être la cause de la mort qui survient,
c'est encore par suite de l'aggravation de la maladie
contre laquelle la nature fait un dernier et violent
effort (3).

Les fièvres intermittentes et périodiques surtout
prouvent bien qu'elles ne sont pas des effets de la maladie, mais des actions de la nature.

« La raison des périodes et des paroxysmes des fièvres
» est double : à des corruptions plus dangereuses, c'est-
» à-dire plus présentes, la nature oppose aussi une com-
» motion continue du sang ;... à des corruptions plus
» lentes, elle oppose aussi des commotions plus mo-
» dérées (4). »

Aussi Stahl est-il un ennemi naturel du quinquina (5).

La fièvre n'est pas le seul acte de la nature que l'on

(1) *Ibid.*, § 36, p. 714.
(2) *Ars sanandi*, p. 193.
(3) *Ibid.*, p. 209.
(4) *Ibid.*, p. 249.
(5) *Ibid.*, p. 213, 216.

confonde ainsi avec les symptômes de la maladie et ses effets nuisibles. L'insomnie, l'inquiétude sont encore des efforts de l'âme, qui, incertaine sur l'issue du mal, veille avec attention et s'applique au péril présent ou à venir (1). Les convulsions qui se produisent au moment de la mort sont un effort de l'énergie vitale de l'âme. Les vieillards, chez qui cette énergie est épuisée, meurent sans convulsions; mais les jeunes gens, à l'heure suprême, *ne quid usquam inausum et intentatum relinquatur*, font un dernier et énergique effort pour chasser le mal (2).

Ainsi l'âme est le meilleur et le premier de tous les médecins; confondre ses actes salutaires avec les effets pernicieux du mal, c'est prendre le remède pour le poison.

Une des conséquences naturelles de cette autocratie de la nature, c'est que, contrairement à l'aphorisme d'Hippocrate, ῞Ολος ἄνθρωπος ἐκ γενετῆς νοῦσός ἐστι, il doit y avoir moins d'hommes malades dans le cours de leur vie que de bien portants. De là une dissertation spéciale : *Quod singuli homines raris numero et paucis vera specie morbis per totum suæ vitæ cursum afficiantur* (3).

Mais ce serait une erreur aussi grave de croire que l'âme n'accomplisse jamais que des mouvements salutaires et qu'elle lutte toujours, sinon heureusement, du moins sagement et de toutes ses forces contre le mal.

(1) *Ars sanandi*, p. 164.

(2) *Th. m. v.* Path., p. 2, spec., sect. III, membr. I, § 18, p. 681.

(3) *Ibid.*, Path , p. 1, sect. I, § 1, p. 445.

Il n'en est rien; elle est souvent, très-souvent elle-même la cause du mal, et plus souvent encore elle l'augmente par son incurie ou même par son action maladroite.

La maladie, c'est toujours la corruption des humeurs, mais les causes générales de la maladie sont très-variées; elles sont extérieures ou internes. Ce sont le trouble et l'empêchement des excrétions; ce sont les aliments, le mouvement, le repos, le sommeil, leur excès ou leur défaut; ce sont l'air et l'eau; c'est un tempérament athlétique, parce qu'un corps athlétique ayant la santé parfaite, et rien dans la nature ne pouvant rester longtemps le même, il n'y a pour lui de changement possible qu'en mal selon le proverbe : les mieux portants sont les premiers à mourir (1).

Mais d'autres causes également importantes et bien plus curieuses à étudier, ce sont les passions de l'âme.

Les passions ont sur l'état du corps la plus grande influence (2). Leur action est souvent même des plus nuisibles (3). Elles troublent les sécrétions et les excrétions (4). Elles provoquent ou rappellent les maladies (5). Mais c'est surtout dans la direction des mala-

(1) *Theor. med. ver.* Path., p. 1, gen., sect. I, membr. II, p. 450 et suiv.

(2) *Disq. de m. et org.*, § 89, 89, p. 37. *Demonstr. de m. et v corp.*, § 124, p. 118.

(3) *Th. m. v.* Path., p. 2, spec., sect. V, § 5, 720.

(4) *Vind. et ind. de scr. suis*, § 90, p. 170.

(5) *Parœnesis*, § 37, p. 57. *Th. m. v.* Path., p. 1, sect. I, membr. II, p. 4, p. 461.

dies et des efforts qu'elles font contre le mal que les passions peuvent être nuisibles.

Cette âme, chargée de la conservation du corps, erre souvent, non pas à bon escient, mais elle n'erre pas moins. Cette erreur est manifeste et la cause n'en est pas difficile à comprendre. La nature, l'âme erre partout, dans l'acte de la pensée pure, dans celui de la volonté ; pourquoi donc n'errerait-elle pas dans l'acte de la conservation du corps ? Cet acte est si difficile, il y faut employer de si justes proportions ; et les choses auxquelles l'âme s'applique dans l'accomplissement de cet acte lui sont si souvent étrangères ! Des mouvements un peu trop lents, un peu trop précipités, et l'effort de l'âme est plus nuisible que salutaire au corps. Il faut d'autant moins s'étonner de ces erreurs de l'âme, qu'elle a deux manières de connaître et de se conduire, le λόγος et le λογισμός. Or, les erreurs viennent précisément de ce qu'elle fait intervenir à tort le λογισμός dans l'affaire de la conservation qui ne doit relever que du λόγος ; aussi ces erreurs de l'âme et par conséquent les maladies de toute sorte sont-elles bien moins fréquentes chez les animaux privés du raisonnement que chez l'homme (1) ; et, parmi les animaux, elles sont moins fréquentes chez les animaux sauvages que chez les animaux domestiques (2).

« Puisque l'âme est de sa nature sujette à l'erreur,

---

(1) *De frequentia morborum in homine præ brutis.*

(2) *Theor. m. v.* Path., p. 1, sect. I, membr. I, art. 1, § 1, p. 447.

» au point que dans les simples actes de penser, de
» concevoir, de juger et surtout de vouloir, elle erre
» plus souvent qu'elle n'atteint le vrai, il est d'autant
» moins étonnant qu'elle erre aussi quand la corruption
» envahit son corps et le blesse, quand le conseil et la
» volonté sont insuffisants pour le débarrasser, quand il
» y faut employer des mouvements conduits avec la
» plus exquise proportion... Ils méritent d'exciter le
» rire plutôt que l'indignation ceux qui veulent que la
» nature n'entreprenne rien que de correct et dont
» l'heureux succès soit aussi facile que certain. Ils ou-
» blient qu'il n'en est pas même ainsi dans les choses
» de la raison raisonnante (1). »

Il suffit qu'une passion soit excitée dans l'âme avec
quelque violence ou que l'âme au contraire demeure
dans l'atonie quand il faudrait agir, pour que la maladie
envahisse le corps et le tue. Car l'influence des passions
de l'âme sur le corps est puissante et durable ; elles ont
pour effet tantôt l'exagération, tantôt la défaillance des
mouvements vitaux. La preuve en est dans les changements du pouls que produisent la joie et la terreur. Il
est surtout remarquable que les sujets chez lesquels
cette influence des passions de l'âme est la plus puissante, sont les esprits les plus simples, les enfants et les
femmes ou les hommes dont la raison est faible et
inexpérimentée (2).

(1) *Th. m. v.* Path., p. 2, spec., sect. I, membr. II, § 13, p. 524.
—*Ars sanandi*, p. 113, 197, 289. — *De motus hemorrhoid. Trac-
tatus*, 1, p. 47.

(2) *Th. m. v.* Phys., sect. II, membr. VI, § 3 et suiv., p. 339.

On explique souvent de la façon la plus ridicule les effets des passions de l'âme, et l'on accuse à tort les mouvements qu'elles causent d'être tumultueux. Les passions, au contraire, sont raisonnées, sinon raisonnables. « Ce ne sont autre chose que certaines con-
» clusions intempestives et prématurées sur les choses
» sensibles ou les fictions de l'imagination, sans examen
» suffisant de toutes les circonstances ou du moins des
» principales. De ces conclusions prématurées résultent
» des volontés intempestives et des mouvements ayant
» pour but l'exécution de ces volontés; dans la colère,
» par exemple, des mouvements impétueux pour saisir,
» repousser, arracher, soumettre; dans la terreur, une
» agitation inquiète, un effort général pour fuir et se
» dérober ou pour résister par la force au mal présent;
» Dans le désir, un regard vers l'objet désiré, un mou-
» vement pour le saisir et le posséder, comme on le
» voit chez les enfants (1). »

C'est le contrepied de la théorie de Descartes, où les esprits animaux et leurs mouvements sont la cause déterminante des passions. Ici, au contraire, ce sont les mouvements qui répondent docilement aux désirs de l'âme.

« Dans la colère, l'affluence du sang vers la surface et
» les parties musculeuses, leur tension voisine de la ri-
» gidité, que font-elles autre chose que préparer le
» corps à un effort plus grand capable des mouvements
» volontaires les plus énergiques? Et les mouvements

(1) *Ibidem*, p. 340 et suiv.

» convulsifs, comme ils s'accordent parfaitement avec
» ces luttes violentes que nous voyons souvent les
» hommes colères soutenir contre ceux qui entrepren-
» nent de s'opposer à leur impétuosité! Car il est remar-
» quable que la colère, assouvie selon le vœu de l'âme
» et que ne suit point le repentir, n'est pas nuisible au
» corps, tandis que si une violente colère vient à être
» réprimée, elle traîne après elle dans l'âme une longue
» douleur, un long ressentiment et engendre dans le
» corps des vices de la digestion ou de la nutrition, des
» langueurs et des marasmes des actions vitales, quel-
» quefois même elles causent dans l'âme le délire et
» dans le corps les convulsions (1). »

Ainsi les passions sont une cause fréquente de maladies, mais aussi les mœurs, c'est-à-dire le caractère
général et les passions habituelles, non plus acciden-
telles de l'individu. On s'attend donc à voir Stahl nous
montrer l'origine et la cause première des tempéraments physiques dans les mœurs de l'âme. Point du
tout; ce sont au contraire les mœurs de l'âme qui ont
leur principe dans les tempéraments physiques. C'est
un changement de front complet et qui paraît illégi-
time; mais Stahl nous force presque à accepter cette
inconséquence, tant il raisonne ingénieusement, sinon
rigoureusement.

L'âme et le corps exercent l'un sur l'autre une influence réciproque; les passions agissent sur l'état du
corps, mais aussi l'état du corps sur les passions. La-

_____

(1) *Th. m. v.* Phys., sect. II, membr. VI, § 10, p. 341.

quelle de ces deux influences est la plus puissante? Pour Stahl, l'influence des passions sur le corps semble être momentanée, seulement présente; celle des états du corps sur les passions de l'âme est durable et continuelle, au point que c'est le tempérament du corps qui fait les mœurs de l'âme.

Il était impossible que Stahl, qui accorde tant d'influence aux passions et aux mœurs, ne les étudiât pas avec soin. En effet, sa peinture des mœurs correspondant aux différents tempéraments est faite de main de maître et digne d'être rapprochée des plus fameux passages de la *Rhétorique* d'Aristote.

Il y a quatre espèces de tempéraments physiques dont la différence provient de la nature différente des humeurs. Elles peuvent être très-fluides et faciles à s'échauffer, par conséquent à se corrompre en fermentant; ou plus aqueuses, moins sujettes à la fermentation, mais disposées à dégénérer en un liquide salin; ou convenablement fluides et chaudes, florissantes, entre les deux premiers tempéraments; enfin plus épaisses et contenant plus de matières terreuses. Ces quatre tempéraments sont le bilieux, le flegmatique, le sanguin et le mélancolique (1).

Chez les sanguins, la texture du corps étant lâche, poreuse, spongieuse, les vaisseaux étroits, le sang fluide, la circulation en est facile, ainsi que la sécrétion,

---

(1) *Th. m. v.*, sect. I, membr., ıv, art. 3, § 4, p. 233 et suiv. Voyez encore l'opuscule : *Dissertatio de temperamentis*, et cet autre: *De fundamento moralitatis personalis in sanguine*.

l'excrétion et en général la vie. Chez les colériques, la texture est plus serrée, aussi paraissent-ils plus maigres; mais comme le sang est très-subtil et le cœur plus énergique, tout se fait et se répare assez bien dans l'économie, grâce à la forte impulsion du cœur. Chez les flegmatiques, la texture plus molle est un obstacle à la circulation d'un sang plus épais; aussi sont-ils plus froids, plus pâles et plus gros. Chez les mélancoliques, le corps est plus épais et plus dense, plus maigre et plus sec, le pouls plus lent, mais plus fort (1).

C'est dans la peinture des caractères qui correspondent à chacun de ces quatre tempéraments que Stahl excelle. Il montre le sanguin insouciant, voluptueux, glorieux, franc et ouvert, ami du bien-être et du loisir, ennemi des difficultés et incapable de conseil dans le danger pressant. Le colérique, ne craignant rien facilement, s'attend cependant toujours à quelque danger; vigilant, prêt à agir, habile à exécuter, impatient des obtacles, téméraire, il ne peut demeurer en repos. Le flegmatique engourdi jouit du présent, mais d'une joie presque inintelligente; ennemi du travail et de l'effort, désespéré dans les dangers imminents, il est calme et résigné devant la mort. Le mélancolique, satisfait du présent, est inquiet de l'avenir, pessimiste, circonspect, infatigable, toujours porté à l'exagération, ami de la justice et de la vérité, sûr lui-même et défiant d'autrui, fait le bien mais n'attend que le mal en échange (2).

(1) *Th. m. v.* Phys., sect. I, membr. IV, art. 3, § 5 et suiv., p. 234.

(2) *Ibidem*, p. 237 et suiv.

Ce n'est rien que de peindre le caractère du mélan-colique ou du sanguin, après avoir décrit son tempéra-ment. Comment la densité ou la rareté des humeurs ou des tissus peut-elle produire ces mœurs différentes? La cause de ces caractères est dans la dimension des canaux, la fluidité des humeurs, le rapport de l'une à l'autre et la violence du mouvement nécessaire pour entretenir la vie dans ces conditions avec ces organes et ces matériaux. L'âme, pour gouverner convenable-ment le mouvement essentiel et continu du sang dans ses vaisseaux, proportionne son effort aux circonstances organiques, elle se fait de cette proportion nécessaire une sorte de type qu'elle s'accoutume ensuite à repro-duire dans toutes ses actions, morales aussi bien que physiques. Voilà comment le sanguin, qui n'a pas grand effort à faire pour que son sang fluide circule convenablement dans ses vaisseaux ouverts, est con-tent, insouciant de l'avenir, incapable d'un travail opi-niâtre; comment le colérique, ayant des canaux plus étroits et obligé d'imprimer constamment à son sang d'ailleurs très-fluide une impulsion plus énergique, est toujours prompt à agir sans crainte comme sans hési-tation. Voilà comment le mélancolique, dont le sang est plus épais, obligé, lui aussi, à faire plus d'effort pour le lancer dans ses vaisseaux, est courageux à la peine; comment aussi, toujours menacé d'un arrêt dans cette circulation pénible et de la corruption des humeurs stagnantes, il est inquiet, soupçonneux et augure mal de l'avenir. Enfin, voilà pourquoi le flegmatique, au sang aqueux et froid, aux tissus lâches et mous, ayant toutes sortes de raisons pour ne pas déployer habituellement beaucoup d'énergie dans l'acte du mouvement circulatoire, est ami du repos, profondément tranquille et peu curieux de ses propres affaires (1).

Pour compléter ce tableau et ce commentaire, il y faut ajouter la peinture et l'explication des mœurs générales de la femme. Si le caractère que Stahl attribue au sexe féminin est vrai, la raison qu'il en donne est du moins peu flatteuse et trop animale. En effet, c'est dans la génération, c'est-à-dire dans la vraie destination de ce sexe qu'il va la chercher. « La femme a trois pas-
» sions dominantes : la coquetterie, la crainte et l'incon-
» stance. La coquetterie semble être fondée sur le be-
» soin de l'amour et de son dernier effet, la génération.
» La crainte est bien naturelle chez un être qui doit
» penser non-seulement à sa personne, mais à un autre
» être tout chétif. Comme les injures extérieures peu-
» vent le blesser gravement, la femme doit toujours
» craindre même sans injure. Son inconstance en toutes
» choses semble avoir pour raison la pluralité des en-
» fants à concevoir, car les femmes sont destinées à
» mettre au monde non pas un seul fruit, mais plusieurs.
» Aussi aiment-elles le repos parce qu'elles doivent les
» porter paisiblement et sûrement dans leur sein, les
» surveiller, les choyer, les protéger sans cesse, une
» fois mis au monde (2).

---

(1) *Th. m. v.* Ibidem, et *Negotium et otiosum*, p. 72.

(2) *Th. m. v.* Phys., sect. 1, membr. VIII, § 4, p. 293. — Il est curieux de rapprocher de cette théorie de Stahl sur les passions de

La manière dont Stahl fait dériver les passions habituelles, les caractères, les tempéraments moraux des tempéraments physiques est ingénieuse, mais en contradiction flagrante avec l'idée de l'âme architecte de son propre corps.

Chez les sanguins, les vaisseaux sont libres et le sang fluide; ce tempérament physique où la vie est facile à entretenir n'a besoin que d'une impulsion modérée de l'âme raisonnable; les sanguins ont donc le caractère gai, sans soucis et ami du loisir, parce qu'ils prennent l'habitude de gouverner leurs actes moraux comme ils font leurs actions vitales. Soit; mais alors pourquoi les sanguins se sont-ils composé un sang si fluide et les mélancoliques un sang si épais? Ou bien il y a là un cercle vicieux, ou bien la raison des tempéraments physiques eux-mêmes est dans le caractère de l'âme qui s'est construit un corps selon ses besoins, sa nature et ses puissances. Il serait étrange que l'âme fît tout dans le corps, qu'elle en fabriquât et gouvernât toutes les parties et qu'elle se laissât imposer par lui ses propres passions et ses mœurs.

la femme et sur leurs causes les chapitres 4, 5 et 6 de la première partie du *Système physique et moral de la femme*, de P. Roussel. On voit ainsi jusqu'à quel point la doctrine de Stahl a exercé son influence sur l'esprit du physiologiste français. Malgré l'amour honnête, respectueux et bien connu que Roussel portait au sexe féminin et sa foi à la puissance de l'âme sur le corps, l'exemple de Stahl l'entraîne à rapporter à la constitution physique de ce sexe, et surtout à la fin de cette constitution, à la génération, toutes les qualités et tous les défauts des femmes.

Si fréquentes que soient les erreurs de l'âme, quelque mauvaise influence qu'exercent souvent les passions sur la santé du corps, il n'en faut pas moins reconnaître les efforts que fait la nature pour la guérison des maladies, alors même que ces efforts sont mal dirigés et par conséquent funestes.

Bien mieux, si le malade meurt, ce n'est véritablement pas de sa maladie elle-même, « mais du mauvais » succès de la maladie, par suite du mauvais succès de » la résistance vitale (1). » On peut dire alors avec Sénèque : « *Morieris, non quia ægrotas, sed quia vivis;* » *ista te calamitas etiam sanatum manet* (2). »

Toute mort qui n'est pas une mort violente, c'est-à-dire qui ne résulte pas de l'action d'une force étrangère et irrésistible, est donc dans la doctrine de Stahl un vrai suicide, ou plutôt un meurtre que l'âme exerce sur son corps par ignorance ou par imprudence.

Et même, si la mort n'était pas un fait aussi éclatant et universel, il semble que, selon la doctrine de Stahl, nous devrions ou pourrions être immortels. Il donne à la nature tant et de si puissantes armes pour conserver le corps, que, si la force d'une expérience qu'aucun fait n'a démentie ne prévalait nécessairement contre l'hypothèse, nous pourrions espérer de l'énergie conservatrice de notre âme la durée et la restauration indéfinie de notre corps.

En effet, pourquoi l'homme meurt-il, j'entends, de

---

(1) *Th. m. v.* Pathol., sect. IV, § 2, p. 481.
(2) *Th. m. v.* Path., sect. IV; § 2; p. 481.

mort naturelle? Pourquoi l'acte vital cesse-t-il un jour?
On ne peut trouver de raison naturelle pour que le
mouvement conservateur fasse défaut. « Tant va la
cruche à l'eau qu'elle se brise, » n'est pas une raison
scientifique. Dans la doctrine stahlienne, ce n'est pas à
la matière, aux organes, qu'il faut imputer la mort, c'est
à l'agent du mouvement, c'est à l'âme (1).

C'est l'âme qui tue ou laisse mourir le corps; comment et pourquoi? Stahl lui-même pose encore mieux
la question : « La question n'est pas absolument : pour-
» quoi l'homme meurt, mais, pourquoi il meurt au
» bout d'un espace de temps déterminé; ou plutôt en-
» core : puisque l'homme peut ne pas mourir pendant
» un long temps, pourquoi ne le peut-il pas toujours;
» pourquoi est-il nécessaire qu'il cesse de vivre (2). »

Parfois Stahl renonce à expliquer le fait. C'est sans
doute que l'énergie de l'âme est limitée quant à sa durée, qu'elle s'épuise et s'affaiblit à la longue; mais pourquoi cet épuisement et cette impuissance? « On ne peut
» trouver aucune raison pour laquelle, au bout d'un
» certain temps, d'une si courte période, l'énergie ac-
» tive, l'énergie qui forme et répare le corps, languisse
» et fasse peu à peu défaut (3). »

Parfois, sentant que la mort naturelle est une grave

(1) Ibid., Pathol., part. 1, sect. I, membr. III, § 6; p. 456.
(2) Th. m. v. Path., sect. I, membr. III, § 3, p. 455.
(3) Ibidem. Phys., sect. I, membr. v, § 11, p. 244; — Path.,
part. 1, sect. IV, membr. v, § 6, p. 503. — Voy. Grimaud, Leçons
de physiologie, t. I, p. 29.

objection contre l'animisme, il essaie, par un subter-
fuge ingénieux mais arbitraire et qui ne fait que déplacer la difficulté, de décharger l'âme de la responsabilité que la mort fait peser sur elle. C'est que l'âme
aurait sous son pouvoir la structure du corps tout entière, mais non pas le mélange matériel dont elle
forme le corps; or, c'est de ce mélange et de sa corruptibilité que viendrait tout le mal. Les influences
étrangères du chaud, du froid, de l'humide, agissent
sur ce mélange, et, à un moment donné, leur action
peut devenir assez puissante pour vaincre toute résistance que l'âme tenterait de lui opposer (1).

(1) *Th. m. v.* Phys., sect. I, membr. II, § 12, p. 214.

CHAPITRE VI.

THÉRAPEUTIQUE ARTIFICIELLE.

L'art auxiliaire et imitateur de la nature. Médecine expectante. Vraie nature de l'expectation. Inutilité de la pharmacie.

Une théorie médicale ne peut se passer de l'art, même la théorie de Stahl, puisque le principe de la vie, l'âme est sujette à faillir. La thérapeutique de la nature étant souvent impuissante ou erronée, c'est à la thérapeutique artificielle à la suppléer. Or, la thérapeutique artificielle de l'animisme découle rigoureusement et nécessairement des principes de l'animisme et de la thérapeutique naturelle : c'est la médecine d'expectation.

Les plus grands admirateurs de Stahl, aussi bien que ses adversaires, lui ont tous reproché d'avoir une méthode curative trop simple et presque nulle. La critique peut être juste absolument, mais Stahl eût été inconséquent avec lui-même, s'il avait eu recours à des moyens bien compliqués ou à de nombreux médicaments. En tout cas, on ne peut lui reprocher, comme on a fait à tant d'autres, d'avoir tué beaucoup de malades, mais tout au plus peut-être d'en avoir beaucoup laissé mourir.

Puisque l'âme se construit elle-même son propre corps, puisque, mieux que tous les anatomistes, elle en

connaît la structure, puisqu'elle est chargée de le conserver et de le réparer, puisqu'elle développe manifestement dans les maladies tant de ressources contre elles,
l'âme est le premier de tous les médecins, et malgré
ses erreurs, le plus savant guérisseur de nos maux.
L'art consiste à imiter la nature, à la regarder faire le
plus souvent, à l'aider quelquefois, sans la contrarier
jamais.

La thérapeutique de Stahl est donc une méthode
d'expectation, mais non de pure expectation. Un livre
curieux de la vieillesse de Stahl expose longuement
cette thérapeutique expectante.

Un médecin anglais, Gédéon Harvey, qui s'était acquis
quelque célébrité par l'exagération de sa méthode
expectante et la rudesse de ses formes, avait composé
un ouvrage intitulé : *Ars curandi morbos expectatione;
item de vanitatibus, dolis et mendaciis medicorum.* Cet ouvrage, comme le titre l'indique clairement, n'était
qu'une satire virulente et grossière contre la médecine
et les médecins, la pharmacie, la chimie, contre la
science et contre l'art, une apologie de la médecine
naturelle, de la simple expectation. Toutes les méthodes thérapeutiques y étaient passées en revue et
traitées de la même manière, c'est-à-dire tournées en
ridicule.

Les médecins partisans du lait d'ânesse y sont ap-
pelés par Gédéon Harvey : *doctores asinarii;* les amis
du quinquina ou de la poudre des Pères Jésuites : *doctores jesuitici,* ayant brevet *sanguinem mittendi, pur-
gandi, vomendi et jesuitandi,* menteurs des pieds à la

tête ; les amis des eaux minérales : *doctores aquarii ;* les partisans de la phlébotomie sont des écorcheurs : *lanii* ou *lania-doctores* ; enfin, les plus illustres de tous, les Purgons de l'époque : *doctores stercorarii* et même *merda-doctores.* Les pharmaciens sont des charlatans, dont la boutique serait aussi peu capable de renfermer tous les remèdes usités de la médecine qu'une capsule à pilule un éléphant.

Cette méthode expectante que préconisait ainsi Gédéon Harvey, en couvrant d'injures les médecins et la médecine, avait au dehors assez de ressemblance avec la thérapeutique de Stahl, pour que celui-ci ne voulût pas en accepter la solidarité (1). Aussi s'empresse-t-il de relever l'exagération de ce livre ou de ce pamphlet et de l'examiner chapitre par chapitre, depuis le premier mot du titre jusqu'à la dernière ligne.

De là un curieux ouvrage auquel nous avons déjà emprunté maints passages : *Ars sanandi*, et non *curandi morbos, cum expectatione*, et non *nuda expectatióne.* Et, pour que l'opposition soit plus complète : *Satyra Harvœana, Silenus Alcibiades*, livre à deux faces ; Silène, c'est Harvey, le faux, le laid ; Alcibiade, c'est Stahl et sa méthode, le beau et le vrai.

Le médecin doit attendre sans doute ; mais il y a bien des façons d'attendre.

(1) Stahl avait d'autant plus raison de renier la thérapeutique de G. Harvey, que Leibnitz, longtemps avant la publication de l'*Ars sanandi*, confondait la méthode du médecin anglais et celle de Stahl. Voy. Leibnitz. Ed. Dutens, t. II, p. 73, *Epist.* 3, *ad Schelhammerum*, 19 nov. 1715. Hanov.

La nature est le premier médecin ; mais le médecin humain n'est pas inutile.

L'art doit imiter la nature et l'aider quelquefois à propos ; il a donc encore quelque chose à faire.

« Le médecin n'est pas absolument nécessaire à la » maladie, mais seulement accidentellement (1). » Du moins lui est-il quelquefois indispensable.

C'est donc la vraie méthode d'expectation et non cette fausse et funeste méthode vantée et pratiquée par Harvey que Stahl entreprend d'exposer.

« Puisque cet art de guérir et de guérir par l'expecta- » tion est l'objet d'une incontestable utilité que nos » vœux et nos efforts se proposent d'atteindre, et qu'on » ne saurait dire ni penser que l'auteur ait atteint et » touché ce but, à moins que je ne m'abuse complète- » ment, j'essaierai en raison de mes forces d'en appro- » cher d'aussi près que possible ; et cela, avec une con- » fiance d'autant plus juste qu'il y a trente ans, plus » l'année qui court, j'ai entrepris le premier peut-être, » de produire ce sujet et de l'éclairer de plus en plus. » Que l'Éternelle Vérité soit favorable à mon entre- » prise et lui accorde un heureux succès (2) ! »

Il ne suffit pas d'attendre, il faut régler l'usage, l'or-dre, le terme, le but et l'issue de l'expectation (auswar-ten). L'expectation véritable, pour devenir un art et surpasser dans certains cas la force de la nature, ne doit pas être oisive (3).

(1) *Th. m. v. Path.* sect. IV, § 2, p. 181.
(2) *Ars sanandi*, p. 7.
(3) *Ibid.*, p. 12.

Attendre n'est pas le but de l'art, l'expectation n'est pas l'art; l'art a pour objet propre de faire quelque chose : attendre simplement, c'est ne rien faire. La nature que l'art doit imiter, est active (1).

L'art doit être subordonné à l'action de la nature et à la fin qu'elle se propose (2). Beaucoup de malades guérissent sans médecin, mais non pas sans médecine. La médecine alors n'est pas pharmaceutique, il est vrai, mais naturelle et méthodique (3).

La nature travaille à la guérison en préparant, mûrissant, sécrétant et excrétant les matières étrangères. Ce n'est pas le temps qui guérit; le temps ne fait rien, il dure; c'est la nature qui opère dans le temps; elle agit, non-seulement dans le temps, mais à temps, avec ordre et à propos (4).

Pour être utile, l'art doit agir comme la nature, dans le même sens que la nature, afin de lui venir en aide quand elle faiblit, de la modérer quand elle est impatiente, de la suppléer quand elle languit et fait défaut. Mais il faut pour cela que le médecin observe avec soin la marche générale et périodique des maladies, en écartant scrupuleusement tout ce qui n'arrive qu'accidentellement (5).

C'est seulement parce que la nature erre et lors-

(1) *Ars sanandi*, p. 26.
(2) *Ibid.*, p. 24.
(3) *Ibid.*, p. 16.
(4) *Ibid.*, p. 27.
(5) *Ibid.*, p. 80, 81.

qu'elle erre, que l'art doit intervenir, mais pour ne faire exactement que ce que ferait la nature, si elle était constante avec elle-même : « L'art commence vraiment, » justement, convenablement, où finit la nature, où » elle manque de forces, où elle se trouble et chancelle. » Apprendre, examiner, savoir, comprendre cela, le » pouvoir faire et l'accomplir, voilà le propre de » l'art (1). »

« Il faut observer quel est le but que la nature se » propose, si elle entre bien en action, si elle poursuit » régulièrement sa marche, s'il n'est pas nécessaire ou » raisonnable de lui indiquer ou de lui offrir un secours » étranger, comment on peut la soulager dans son tra- » vail, la débarrasser quand elle est empêchée, la re- » mettre dans sa voie quand elle trébuche ou s'égare; » il faut mesurer avec prudence, attendre avec vigilance » le temps, le progrès du mal, en examinant les ma- » tières et les mouvements opportuns. Mais, à moins » d'être fou, personne n'ignore combien il est témé- » raire et déraisonnable de s'immiscer dans le travail » de la nature sans le comprendre, combien il est im- » prudent d'y intervenir par des tentatives inconsi- » dérées, de la troubler, de l'exciter, de l'arrêter, de » la pousser mal à propos dans des voies nouvelles, et » de la contraindre à des efforts maladroits (2). »

C'est la nature qui dicte à l'art ses procédés : pré- parer, mûrir, excréter avec elle ou à sa place les ma-

_____

(1) *Ibid.*, p. 167.
(2) *Ars sanandi*, p. 198, 199.

tières étrangères et respecter ses efforts toutes fois
qu'ils sont sages et mesurés.

Guerre donc à la pharmacie ; il n'est pas besoin de
tant de remèdes pour une chose aussi simple.

» Je me suis servi autrefois d'une manière de parler
» qui a fait bruire, frémir, grincer, rugir, disant qu'en-
» treprendre d'expurger avec ordre la pharmacie de
» notre siècle, était plus qu'un travail d'Hercule, qui
» entreprit de nettoyer les étables d'Augias, et qu'il
» s'agissait ici d'une étable, non pas de chevaux, mais
» d'ânes. Or quel est le praticien, honnête de cœur,
» habile, sérieux, qui ne sait que la pharmacie de notre
» temps abonde en remèdes superflus, impuissants, in-
» certains, absurdement composés et dangereux, laissés
» tant par les anciens médecins que par les droguistes
» grecs et arabes, qu'elle est encore salie par les men-
» songes téméraires et imprudents des charlatans, des
» gens de foire, des charbonniers, des barbiers et des
» stupides empiriques, et qui, accompagnés de com-
» mentaires orduriers résonnant de tous les superlatifs,
» sont tellement préconisés, que ces faiseurs de tours
» publics dans les foires et dans les marchés, avec les
» éloges de leurs ordures, qui cependant valent autant
» souvent que les mensonges dorés de la rhétorique,
» sont à bon droit ridicules? Et certes, ces derniers
» remèdes sont des fumiers d'âne qu'aucun fleuve ne
» pourrait laver (1). »

Il est hors de notre sujet de décrire les moyens thé-

_____

(1) *Ars sanandi,* p. 250, 351.

rapeutiques que Stahl employait, quand il pensait que l'art devait sortir de l'expectation. Il suffit de dire qu'ils sont en tout point conformes aux principes de sa théorie et se résument assez exactement dans la formule du malade imaginaire.

CHAPITRE VII.

Spiritualisme de Stahl. Le corps est fait pour l'âme. et non l'âme
 . pour le corps. Excellence de la pensée. Sensualisme et rationalisme
 équivoques.

Voilà certainement une doctrine médicale complète.
La théorie physiologique est simple, bien suivie et
fortement homogène ; la thérapeutique ne saurait être
plus conséquente avec la théorie. Mais ce n'est pas encore là toute la doctrine de Stahl. Bien que cette théorie
. physiologique et thérapeutique renferme une idée essentiellement philosophique, l'animisme, ce n'est pas
là toute la philosophie de Stahl ; ce n'est même pas l'a-
nimisme tout entier. Il y a encore une partie importante
et plus spécialement philosophique qu'il est utile de
dégager et d'examiner. C'est celle-là surtout qui est
demeurée inconnue ou tout au moins très-imparfai-
tement comprise et interprétée, à tel point qu'on a pu
faire penser à Stahl le contraire de ce qu'il a écrit et
pensé.

Il ne faut jamais perdre de vue, dans l'exposition et
plus tard dans l'examen de ce système, que Stahl est un
physiologiste et un médecin avant d'être un philosophe ;
il n'est psychologue ou métaphysicien que par occasion,

par une conséquence de sa doctrine médicale. Cette doctrine n'est pas une construction où l'idée préconçue de l'âme comme principe vital préoccupe de tout temps l'esprit de l'auteur ; c'est au contraire un système fondé d'abord sur l'observation, où les faits et les caractères du principe vital conduisent Stahl à identifier ce principe avec l'âme humaine et à se prononcer par conséquent, mais toujours incidemment, sur les principales questions des rapports du physique et du moral. Or, on a toujours attribué à Stahl une méthode contraire, et prêté à l'animisme des caractères opposés. Essayons d'exposer jusqu'au bout cette doctrine, telle que Stahl l'a conçue et expliquée dans ses ouvrages.

L'âme est le principe de la vie ; elle édifie, conserve et répare son propre corps, comme fait l'archée de Van Helmont, comme fait l'âme nutritive d'Aristote, comme font toutes les entités chimériques, auxquelles, dit-on, Stahl n'a fait que substituer sans autre changement l'âme raisonnable.

Comme tous ces êtres de raison, archée ou âme végétative, sont évidemment imaginés à plaisir pour former et conserver le corps, pour suffire à cette tâche unique, on peut être tenté de supposer que de même l'âme de Stahl a pour objet spécial et pour cause finale de son existence et de toutes ses actions la structure et la conservation du corps, qu'elle est avant tout le principe vital, qu'elle n'est que cela, enfin que, si elle sent, pense et veut en même temps qu'elle gouverne le corps, ce n'est que pour mieux arriver à ses fins et construire ou conserver son corps avec plus de perfection (1). Il peut même plaire à certains esprits de supposer, à la grande confusion de la philosophie, surtout de la philosophie spiritualiste, qui a le tort de s'ingérer quelquefois dans les doctrines physiologiques pour apporter son *veto*, que l'âme de Stahl n'est qu'un mot, que le principe de la vie est au fond, malgré quelques expressions mensongères, bien et dûment corporel, quoiqu'il pense et veuille ; on peut être tenté, en un mot, de faire de Stahl un physiologiste sans aucune prétention à la philosophie, surtout au spiritualisme, et de l'animisme un matérialisme déguisé. Cette opinion est en effet assez répandue ; elle est cependant complétement fausse.

L'âme de Stahl est à la fois le principe de la vie organique et celui de la pensée, mais son rôle principal, sa dignité, son essence, sont de penser et de vouloir ; l'attribution de principe de vie n'est que secondaire, loin d'être capitale, surtout loin d'être unique. C'est se laisser abuser bien facilement que de croire que l'âme de Stahl est avant tout le principe de la vie, parce que Stahl la représente surtout et presque exclusivement ainsi. Il n'en pouvait être autrement. Stahl expose une doctrine physiologique, où il ne traite que de la vie, de la santé et de la maladie ; il n'a donc à considérer l'âme que comme principe vital. Cela ne veut dire en aucune façon que ce soit là l'unique ou même la principale attribution de l'âme ; mais la nature de son sujet

_____

(1) Telle est l'erreur de MM. Madin et Lasègue. — Voy. *Dict. des sc. méd.*, art. *Stahlianisme*, p. 401, et Lasègue, *Thèse pour le doctorat en médecine*, p. 20 et *passim*.

force Stahl à la représenter ainsi et à laisser dans l'ombre l'âme, principe de la pensée et de la volonté.

Mais est-elle, cette âme qui pense, tellement reléguée dans l'ombre, qu'on ne puisse reconnaître distinctement quelle est son essence? Stahl, au contraire, trouve plusieurs fois l'occasion de nous l'apprendre très-explicitement.

Ce n'est pas l'âme qui est faite pour le corps, pour le former et le conserver; c'est le corps qui est fait pour l'âme, pour ses usages et pour ses besoins. Si elle le fabrique et le conserve, c'est comme fait un ouvrier l'instrument dont il se sert. L'ouvrier n'est pas fait pour l'instrument, mais l'instrument pour l'ouvrier. Le devoir et le travail de l'artisan ne sont pas uniquement de fabriquer et d'entretenir son outil; ce travail n'est qu'accessoire; son vrai but est de s'en servir à ses usages. Ainsi de l'âme; le corps est son instrument, son organe, son officine; elle en a besoin pour sentir, penser et vouloir; elle le fabrique et le conserve dans cette intention. Penser et vouloir, c'est là son objet véritable; le reste n'est qu'accessoire; la conservation du corps n'est qu'un moyen et non un but. Penser est l'essence de l'âme et fait sa dignité.

« C'est pour penser, non pour quelque autre chose
» que l'âme existe, car il n'est rien dans l'univers qui
» égale en beauté la pensée, cette pensée surtout que
» l'ensemble des choses est l'œuvre d'une cause unique.
» De plus, la pensée se suffit à elle-même, s'explique par
» elle-même et se comprend toute seule, sans qu'il faille
» recourir à quelque autre chose pour en concevoir la

» possibilité, l'existence et la fin. La pensée est si peu
» faite pour le service du corps, que c'est le corps au
» contraire dont les organes sont faits manifestement
» pour le service de la pensée et ne sauraient avoir
» d'autre usage (1). »

Certes ce n'est point là le langage d'un philosophe
matérialiste ou même qui fasse de l'âme le principe de
la vie plus encore que celui de la pensée, et du corps
la véritable raison d'être ou la cause finale de l'âme.

La seule conséquence que l'on puisse tirer de cette
opinion de Stahl en faveur de son matérialisme sup-
posé, c'est peut-être que, si l'âme n'est pas faite pour
le corps, si elle est faite pour penser, elle a du moins
besoin du corps pour penser et vouloir, et ne saurait
vraiment exister sans lui.

Que l'âme ait besoin, pour penser avec clarté et distinction, des organes corporels, cela est déjà bien éloigné du matérialisme. Qu'elle ne puisse exister sans un
corps, cela peut être une opinion aventureuse; mais
en admettant que ce soit la pensée de Stahl, ce qui
n'est ni certain ni probable, elle ne serait pas cependant tellement téméraire et si décidément matérialiste,
qu'on n'en trouvât l'exemple chez Leibnitz, qu'on ne
saurait accuser de matérialisme, et peut-être même
dans le dogme religieux de la résurrection des corps.

Il s'agit de savoir d'ailleurs si c'est là une affirmation
bien absolue, qui vaille pour l'avenir comme pour le
présent. Stahl aime peu généralement à se lancer dans

---

(1) *Disq. de mech. et org.*, § 83 et suiv., p. 35, § 98, 42.

les spéculations sur ce qui peut ou doit être; il n'aime à parler que de ce qui est ou de ce qu'il croit être : « L'âme, dit-il, est dans le corps et avec le corps (1). » Voilà le fait; elle a besoin des organes pour penser et pour agir; le fait est encore incontestable, et Descartes lui-même, malgré sa définition toute métaphysique de l'âme, chose qui pense, ne nie pas que l'âme pense avec le secours des organes, tant qu'elle leur est unie; il prétend seulement qu'elle est absolument incapable de penser sans eux.

Stahl non plus ne dit pas autre chose. L'âme ne peut penser sans le secours des organes, c'est-à-dire en ce monde.

« Avant tout, il faut considérer ici que l'âme hu-
» maine ne peut vraiment et absolument rien sans le
» corps, quant à ces choses qui regardent directement
» son principal acte en ce monde (2). »

Mais Stahl n'est pas assez philosophe, ou plutôt ne s'occupe pas assez particulièrement des questions philosophiques et surtout métaphysiques, pour discuter sur la possibilité que l'âme existe absolument et pense sans le secours des organes dans un autre monde.

Et même, si l'on voulait presser un peu la doctrine de Stahl et tirer à sa place les conséquences rigoureuses de ses principes fondamentaux, on arriverait plutôt au rationalisme et à la théorie des idées innées qu'à toute

(1) *Disq. de mech.*, § 48, p. 20.
(2) *Th. m. v. Phys.*, sect. I, membr. 1, 3, p. 202.

autre conclusion. Pour se construire son propre corps et le si bien gouverner, l'âme doit connaître en effet bien des choses qu'elle n'a cependant jamais apprises et qu'elle ne sait point par le corps. Ces connaissances lui viennent du λόγος et elle les possède antérieurement à la formation des organes. Ne sont-ce pas de véritables idées innées?

Après cela, que l'âme ne puisse rien concevoir de clair et de distinct sans le secours des sens, c'est ce qu'aucun philosophe rationaliste n'a jamais nié. Et quand Stahl inclinerait un peu vers les doctrines sensualistes, ce serait pour un physiologiste un petit péché, bien léger surtout pour un homme qui n'est pas amené directement à énoncer une opinion formelle, et qui n'a pas suffisamment étudié le problème de l'origine des idées. Ce serait une sévérité excessive que de vouloir surprendre une erreur et une grave erreur dans quelques phrases enveloppées et inconsidérées. Cependant à certains passages, où les doctrines sensualistes semblent percer, on en peut toujours opposer d'autres où le rationalisme se fait jour.

« Je parle de la sensation que les anciens ont réputée » tellement nécessaire à l'acte de la raison, qu'ils n'ont » pas hésité à affirmer que rien n'est dans l'esprit qui » n'ait été auparavant dans les sens. » Il semble que ce soit bien là le langage d'un philosophe sensualiste; mais la manière dont Stahl interprète l'aphorisme célèbre est bien innocente, et les mots suivants expliquent et corrigent les premiers : « En effet, ajoute Stahl, sans » le secours de la sensation, il est évident qu'on ne

» peut établir aucune considération vraie sur les choses,
» en tant que présentes (*ut præsentibus*) (1), tandis que
» toutes les autres pensées, si vraies qu'elles puissent
» être abstraitement, sont cependant incapables de vé-
» rité, tant qu'elles n'atteignent pas comme but les
» choses qui sont en réalité, où et comment elles sont;
» mais elles sont *générales* et ont pour objet des choses
» vagues et incertaines quant au temps, à la quantité,
» à la qualité et au lieu (2). »

Qu'est-ce à dire autre chose, sinon que les idées abstraites et générales peuvent être conçues par l'esprit
sans le secours actuel des sens, mais qu'elles demeurent vagues et incertaines?

Enfin l'on peut citer tel passage où Stahl en appelle
directement à cette lumière qui illumine tout homme
venant en ce monde, pour expliquer certains jugements
de l'esprit.

« Il faut considérer aussi l'habileté de l'esprit, capa-
» ble de comprendre et de vouloir sans le secours de la
» réflexion ou de la comparaison (λογισμοῦ); il faut sur-
» tout remarquer l'exquise vérité de ses jugements et
» l'instantanéité de son discernement. *Comme si c'était*
» *une ombre ou plutôt un faible mais brillant rayon de*
» *cette intelligence et de cette connaissance profonde et in-*
» *stantanée qui paraît continuer jusqu'à nous depuis les*
» *commencements le pouvoir des premières créatures avant*
» *la chute, d'après ces paroles de l'Écriture, qu'Adam im-*

---

(1) C'est Stahl lui-même qui souligne ces mots.

(2) *Th. m. v. Phys.*, sect. V, § 2, p. 395.

» *posa aux choses leurs noms selon leurs propriétés.* Un
» vestige bien plus grand encore semble s'en manifes-
» ter dans la promptitude de la volonté sensuelle à qua-
» lifier les choses d'agréables ou de désagréables,
» d'inutiles ou d'indifférentes (1). »

Cependant on altérerait certainement la pensée de
Stahl, si l'on pressait trop subtilement quelques textes
et si l'on accordait à la lettre une trop grande valeur.
La question n'est pas pour Stahl, comme pour Descartes
ou pour Leibnitz, une question métaphysique sur l'origine des idées et le mécanisme de la raison et des
sens. Le fond de l'animisme a plus de valeur que toutes
les pensées particulières que Stahl peut exprimer çà et
là, et il domine tous les textes. Or il est évident que
l'âme qui construit son propre corps et le conserve
selon une science profonde et des idées qu'elle ne doit
pas à l'expérience des sens, puise ces idées et cette
science à une source supérieure, quelle qu'elle soit.
Stahl ne la définit pas bien, mais il serait trop inconséquent de la méconnaître.

L'esprit a une puissance propre que les organes ne
lui donnent pas; les facultés mêmes que l'on rapporte-
rait le plus volontiers aux organes, la mémoire, la sensibilité, Stahl ne peut les attribuer qu'à l'esprit.

La sensation n'est pas pour lui un phénomène organique, elle n'est pas même un phénomène purement
passif de la part de l'esprit; c'est une action véritable
ou, si l'on veut, une réaction contre les organes.

(1) *Th. m. v.* Phys., sect. V, § 26, p. 407.

« Cette assertion, que la sensation est de la part de
» l'âme purement passive, a donné naissance à toutes
» sortes de fausses idées : 1° que la sensation se fait
» automatiquement sans le concours de l'âme ; 2° que
» les mouvements des espèces visibles impriment une
» image, un fantôme durable dans la substance du cer-
» veau ; 3° que la sensation, étant tout automatique, n'a
» aucune fin ; 4° que l'âme n'a aucun pouvoir direct sur
» l'administration de ses sensations (1). »

« Toute l'affaire de la sensation consiste proprement
» en ce que l'âme, pour les besoins de sa raison, im-
» prime aux nerfs les plus subtils des organes des sens
» un mouvement de ton ou de tension très-délicat.
» Tandis qu'elle agit ainsi, souvent un autre mouve-
» ment adventice et pareillement proportionné avec
» subtilité, est produit à l'encontre du premier dans
» ces organes. Il n'est pas possible alors que la ren-
» contre de ce mouvement adventice n'altère pas l'acte
» du mouvement excité par l'âme dans les nerfs avec
» une mesure spéciale et exquise, en sorte qu'elle con-
» naisse et distingue dans le même temps le degré, le
» mode et le caractère de cette altération. L'image de
» ce qui se passe alors, sans qu'on doive la poursuivre
» trop loin, est dans l'exemple de l'araignée qui sent
» instantanément la proportion des mouvements im-
» primés du dehors en un sens contraire au sien aux
» fils tendus de sa toile (2). »

(1) *Th. m. v.* Phys., sect. V, § 15, p. 401.
(2) *Ibid.*, § 13, p. 401.

Une autre image du rôle de l'âme dans la sensation, est encore celle d'un oiseleur, lorsque les oiseaux se prennent dans ses filets ou à ses gluaux (1).

« D'où il résulte évidemment que la sensation est » quelque chose de transitoire qui se fait en un instant » et passe également en un instant, sans laisser de » traces dans le corps, comme le pensent ceux qui » se forment de la mémoire une conception vraiment » risible (2). »

C'est là faire de la sensation une opération de l'esprit, tout active et même toute volontaire. On peut accuser Stahl d'erreur, mais non de sensualisme ou de matérialisme ; et en fin de compte, son explication est, sinon plus vraie, du moins plus vraisemblable et plus relevée que le jeu mécanique des esprits animaux.

Cependant le rationalisme de Stahl n'est pas tellement solide que quelquefois il ne bronche, et, si bien conséquente que soit sa théorie générale, elle n'en renferme pas moins dans ses détails de manifestes contradictions.

Si, de ce que l'âme construit son corps d'après les idées du λόγος que l'on peut dire innées, il résulte dans la doctrine philosophique de Stahl quelque conséquence voisine du rationalisme, il résulte au contraire de ce que le corps est l'officine nécessaire de l'âme, qu'elle ne peut rien connaître, au moins distinctement,

(1) *Th. m. v.* Phys., sect. V, § 16. p. 402.
(2) *Ibid.*, § 17, p. 402, 403, 404. — *Negotium otiosum*, p. 39 à 42, 146 à 149.

que ce qu'elle connaît par les organes des sens, ce qu'elle peut imaginer, *schématiser*, qu'elle ne peut connaître même que le fini, c'est-à-dire un véritable sensualisme.

« L'âme n'est occupée dans toutes ses actions que » des affections corporelles, affections si essentielle- » ment inhérentes au corps qu'on ne peut les en sépa- » rer même par la pensée, sans que, aussitôt qu'elles » en sont abstraites en idée, non-seulement la concep- » tion du corps périsse, mais aussi celle de ces affec- » tions, puisqu'elles ne peuvent être conçues sans le » corps. Et si l'âme veut nommer plus positivement » quelqu'une de ces choses, ce sera abstraitement τὸ » *finitum*; c'est-à-dire que rien ne tombe sous son pou- » voir que le fini (1). »

« L'âme ne peut en un seul moment comprendre » qu'une seule chose; elle est accablée par la multi- » tude, elle a horreur de l'infini (2). »

« L'âme est liée aux affections corporelles et ne peut » rien embrasser par la pensée plus facilement ou d'une » façon plus parfaite et plus durable que les figures, » les choses figurées, schématisées ou les schèmes des » choses..... Elle ne peut concevoir ou penser une seule » figure sans représentation ou imagination, comme si » l'objet était vu par les yeux hors du corps (3). »

De semblables inconséquences, de telles contradic-

(1) *Disq. de mech. et org.*, § 48, p. 20.
(2) *Ibid.*, §§ 49, 50, p. 20.
(3) *Ibid.*, §§ 51, 52, p. 21.

tions n'ont rien qui doive surprendre et qu'on ne puisse excuser. La pensée philosophique de Stahl flotte un peu incertaine au gré de sa doctrine physiologique et se met à son service. Rationaliste, quand il insiste sur la supériorité de l'âme et de la pensée comparées aux organes et à leurs fonctions, il incline vers le sensualisme, quand il veut mettre en lumière le principe de l'animisme, que l'âme agit dans les organes et sur eux comme dans son officine. Et, comme cette dernière considération est le véritable objet que Stahl se propose, sa doctrine se présente plus souvent sous l'aspect du sensualisme que sous celui du rationalisme.

Cependant, dans le véritable sensualisme, l'initiative vient des organes, l'âme n'est guère que passive; c'est le corps qui fait tout. Le contraire a lieu dans la doctrine de Stahl. La solution ou l'éclaircissement de cette difficulté devrait se trouver dans la théorie du λόγος et du λογισμὸς : le λόγος, pure conception de l'esprit, sans fantaisie, générale, primitive, mais vague et indéterminée; le λογισμὸς, connaissance des causes, claire et distincte, parce que l'objet en est figurable. Mais cette théorie nous laisse dans la même incertitude, parce que le λογισμὸς a la supériorité sur le λόγος, que le λόγος est l'instinct plutôt que la raison. Le rationalisme de Stahl est donc différent du rationalisme de Descartes et de Leibnitz, comme son sensualisme de celui de Locke et de Condillac.

On ne s'explique donc pas suffisamment comment Stahl a pu être presque unanimement accusé par ses critiques de matérialisme, puisqu'il n'est pas même bien décidément sensualiste. Ils avaient sans doute d'autres reproches à lui adresser, d'autres textes à proposer comme chefs d'accusation, que ceux que nous avons produits, à moins qu'il n'aient répété, comme un écho qui grossit la voix sans en comprendre le sens, un bruit insignifiant ou un soupçon erroné. En tout cas, le destin de Stahl est bien singulier : tandis qu'il est accusé par quelques-uns d'un spiritualisme exagéré, il est accusé par les autres du crime contraire.

CHAPITRE VIII.

POLÉMIQUE DE STAHL ET DE LEIBNITZ.

L'hypothèse de *l'harmonie préétablie*, point de départ vicieux de la critique de Leibnitz. Fausseté de ses accusations. Stahl déclaré matérialiste par ses historiens sur la foi de Leibnitz. Réponses victorieuses de Stahl. Animisme de Leibnitz.

Le premier accusateur, c'est Leibnitz, et, sur la foi de Leibnitz, comme sur la parole du maître, Stahl a été souvent, sans plus ample information, déclaré matérialiste : « il a longtemps caché son matérialisme sous » ses phrases embarrassées, mais poussé par les objec- » tions de Leibnitz, il le reconnaît enfin. » Voilà ce que disent en commun et M. Madin et M. Lasègue, et beaucoup d'autres critiques encore (1).

On peut se demander tout d'abord pourquoi Stahl aurait si bien caché son matérialisme pendant plus de trente années et dans une multitude d'ouvrages. Dans quel intérêt? Pourquoi ce soupçon? Suffit-il que Leibnitz accuse pour que Stahl soit condamné? Il faut entendre au moins l'accusateur et l'accusé : l'accusé, pour voir s'il n'a rien à dire pour sa défense; l'accusateur, pour savoir sur quoi il fonde son accusation, quels arguments il fait valoir et quelle condamnation il ré-

(1) Voy. *Dict. des sc. médicales*, article STAHLIANISME, p. 408; *Biographie de Michaud*, art. STAHL; Lasègue, *Thèse pour le doctorat en médecine*, p. 22.

clame. Or il est facile de prouver que ni accusé ni
accusateur n'ont été suffisamment entendus.

Pour éclaircir convenablement la question, il faut distinguer les accusations que porte Leibnitz contre la
doctrine de Stahl, renfermée dans la *Théorie médicale*,
et celles qu'il formule après coup contre les *Réponses*
de Stahl à ses premières objections.

Le mot de matérialisme n'est prononcé qu'une seule
fois par Leibnitz dans les premières remarques que lui
suggère la lecture de la *Théorie*. Et il faut convenir que
jamais accusation ne porta plus à faux et ne manqua
plus d'à-propos. Encore, Leibnitz est-il si loin, dans cette
première partie de sa polémique, de voir en Stahl un
matérialiste, qu'il n'énonce cette accusation que comme
une crainte d'un danger lointain, et qu'il en considère
l'objet comme une contradiction toute particulière à
l'ensemble et au sens général de la doctrine. Il a peur
qu'on ne puisse tirer quelque conséquence, voisine du
matérialisme, d'une assertion très-spéciale et très-acces-
soire dans le système de Stahl ; et il s'empresse d'atténuer aussitôt et même de repousser cette crainte, en
reconnaissant que Stahl est aussi éloigné que possible
de faire l'âme matérielle.

Quoi qu'il en soit, ce n'est point certainement pour
condamner un matérialisme tout au moins fort douteux, caché dans les replis d'une doctrine médicale,
que Leibnitz a pris, peu de temps avant de mourir, la
plume contre Stahl. Il faut à Leibnitz et d'illustres
adversaires et surtout de graves raisons pour entrer en
lutte avec eux.

En effet, dans la polémique qu'il engage contre Stahl, il y va pour lui d'un intérêt bien plus grand. C'est l'animisme tout entier, le principe même de l'animisme, qui éveille et arme Leibnitz, parce que ce principe est essentiellement contraire à son hypothèse la plus chère, à l'*harmonie préétablie*.

La *Théorie médicale* de Stahl fut publiée pour la première fois en 1707. Environ deux ans après, en 1709, l'ouvrage arrive aux mains de Leibnitz, qui en prend occasion de concevoir et d'écrire quelques doutes ou remarques sur la *Théorie*. Il communique ses remarques à un personnage d'une illustre maison, afin qu'elles soient communiquées à son tour à Stahl. Celui-ci comprendra que sa *Théorie* porte préjudice à la théologie naturelle et révélée, et, sur un tel avertissement, reconnaîtra certainement son erreur. Dans cet espoir, Leibnitz demande une réponse écrite; Stahl croit devoir à la célébrité de Leibnitz de satisfaire à ce désir et surtout à celui de ce même illustre personnage qui sert d'intermédiaire entre les deux philosophes, qui semble même les exciter dans une lutte peut-être provoquée par lui, qui a honoré Stahl d'une faveur singulière, lui a rendu de bons offices ou même confié quelque importante fonction (1). Stahl emploie dix ou douze jours à composer une première réponse; il l'écrit de sa propre main, ce qu'il n'a pas coutume de faire, et cependant avec dégoût, tant sa théorie lui semble évidente et les remarques de Leibnitz vagues ou erronées (2).

(1) *Negotium otiosum*, préface, p. I, II, V.
(2) *Ibid.*, *ibid.*

Quel est ce personnage d'une illustre maison, protecteur de Stahl et sans doute aussi de Leibnitz? Ce n'est point Fr. Hoffmann, bien qu'il ait fait appeler Stahl par son crédit à la nouvelle Université de Halle. Hoffmann est déjà à cette époque le rival heureux, l'ennemi de Stahl et l'ami de Leibnitz dont il partage les doctrines mécaniques; Hoffmann d'ailleurs est un trop petit personnage. Il n'est pas probable que ce soit Frédéric Ier lui-même, le premier roi de Prusse, bien qu'il soit le fondateur de l'Université de Halle et de la Société royale de Berlin dont Leibnitz fut le premier président. Il est surtout impossible que ce soit son fils, le soldat Frédéric-Guillaume, bien qu'il ait plus tard choisi Stahl pour son médecin. Cet illustre personnage ne doit être qu'un Mécène et non point un Auguste, tout au plus un petit prince allemand, mais non pas un grand roi. Peut-être est-ce le duc de Saxe-Weimar dont Stahl avait aussi été le médecin (1).

Quoi qu'il en soit, les réponses de Stahl suivent la même voie que les remarques de Leibnitz. Plus d'un an s'écoule, et Stahl croit pouvoir appliquer le proverbe : Qui ne dit mot consent, lorsque de nouvelles *Exceptions* lui sont transmises (2). Il répond à ces *Exceptions*, comme il a fait aux premières remarques, et environ une année après, quelques amis et les fauteurs

---

(1) On ne trouve aucun éclaircissement sur cette polémique dans la *Vie de Leibnitz* par Guhrauer, qui se contente de la mentionner, t. II, p. 201. Breslau, 1846.

(2) *Negot. otios.*, préf., p. III, p. 134.

de cette polémique l'engagent à faire connaître au public tout ce débat. Stahl paraît avoir mis la main à cet ouvrage, en en réunissant les différentes parties, avant la mort de Leibnitz. Il ne fut cependant publié qu'en 1720 à Halle sous ce titre :

NEGOTIUM OTIOSUM, *seu* ΣΚΙΑΜΑΧΙΑ *adversus positiones aliquas fundamentales* THEORIÆ VERÆ MEDICÆ *a viro quodam celeberrimo intentata, sed armis conversis enervata.*

Certes, un pareil titre n'était guère propre à attirer les lecteurs ; cette chose oiseuse, ce combat contre une ombre, leur promettait de perdre leur temps sans profit à lire cet ouvrage, comme Stahl disait avoir perdu le sien à le composer. C'est pour cela, peut-être, que le vrai sens de la pensée de Stahl a été méconnu et qu'on l'accuse si souvent de matérialisme, sur la foi de Leibnitz. Cette discussion est au contraire des plus intéressantes et révèle bien mieux que la *Théorie* elle-même, sinon la doctrine physiologique, du moins la doctrine philosophique de Stahl.

Le *Negotium otiosum* est une œuvre sans art, sans composition, formée simplement de la juxtaposition des *Remarques* de Leibnitz, des *Réponses* de Stahl à ces remarques, des nouvelles *Exceptions* de Leibnitz et des *Répliques* de Stahl à ces exceptions (1).

(1) Les *Remarques* et les *Exceptions* de Leibnitz ont été publiées par Dutens, dans le second volume des œuvres complètes de Leibnitz, sous le titre général d'*OEuvres médicales*. Dutens indique dans sa table des matières comme la source où il les a puisées : la *Theoria medica vera*. Halæ, 1737. Ce n'est point cependant dans la *Théorie*

Leibnitz n'est jamais désigné dans le cours de cet
ouvrage, comme dans le titre, que par cette vague po-
litesse, *Dominus* ou *clarissimus auctor*. Cependant il
était d'autant plus facile de lever un anonyme assez
transparent déjà, qu'en 1720 Leibnitz était mort depuis
trois ans. C'est pour cela qu'il faut penser que le *Negotium otiosum* fut composé manuscrit avant 1717, puisque
dans l'*Ars sanandi*, publié dans la vieillesse de Stahl, il
désigne Leibnitz autrement, par les mots de *B. vir*,
Beatus vir.

Leibnitz voyait si bien, avant toute autre chose, dans
la *Théorie* de Stahl une doctrine essentiellement contraire à la sienne, qu'il fait précéder ses *Remarques*
d'une courte mais substantielle exposition de son
propre système de la monadologie et de l'harmonie préétablie. Stahl ne répond pas directement et séparément
à cette préface des *Remarques*, il n'attaque ni ne réfute
la doctrine de Leibnitz. Est-ce indifférence ou ignorance? Stahl ne connaissait de Leibnitz que le nom
glorieux, avant les rapports toujours indirects créés
entre ces deux hommes par la publication de la
Théorie. Il n'avait jamais lu un seul ouvrage du philosophe. Trente ans auparavant, dans sa jeunesse, il avait
tenté de connaître les idées de Leibnitz sur la théorie

---

de Stahl où ces remarques ne se trouvent pas, que Dutens a pu les
rencontrer, mais seulement dans le *Negotium otiosum*, dont un ca-
price de relieur avait pu augmenter un exemplaire de la *Théorie*.
En tout cas, ce n'est point en 1737, mais en 1720, qu'elles ont été
publiées par Stahl lui-même.

du mouvement abstrait, mais, n'y ayant pu rien comprendre, il avait fermé le livre (1).

Stahl ne connaît donc de la monadologie et de l'harmonie préétablie que ce que Leibnitz lui-même lui en expose dans ses *Remarques ;* mais cela suffisait pour que Stahl vît dans ce double système, surtout dans la dernière hypothèse, des principes en tous points contraires aux siens, et qu'il eût le désir de les réfuter, d'en montrer l'invraisemblance et la fausseté, pour mieux faire ressortir la vérité de sa propre théorie.

Cependant Stahl aime mieux se renfermer dans la défense de sa doctrine qu'attaquer celle d'autrui. Et puis, dans l'impétuosité du premier mouvement, il avait bien, lui aussi, exprimé quelques doutes sur les principes leibnitiens; mais on lui dit (probablement ce même illustre personnage) que Leibnitz n'aimait pas en général la contradiction, qu'il n'aimait pas qu'on s'attaquât à ses principes. Ne voulant pas être

---

(1) *Negot. otios.*, préf., p. VI. — Si, avant la polémique du *Negotium otiosum*, Stahl ne connaissait Leibnitz et ses travaux que par leur célébrité, Leibnitz connaissait aussi Stahl depuis longtemps de la même manière, et paraît avoir suivi la carrière du jeune médecin avec un intérêt qui ferait croire qu'il pressentait dans le jeune homme un grand esprit et un réformateur. Il semble avoir demandé à l'un de ses amis des détails sur la vie de Stahl et des renseignements sur sa demeure pour engager avec lui un échange de lettres qui n'a jamais eu lieu et qui a été remplacé par la polémique hostile du *Negotium otiosum* (voy. Leibnitz, édit. Dutens, 35 epist. Placius Leibnitio, 1690).

gratuitement désagréable à Leibnitz, Stahl supprima ces observations préliminaires et ne répondit qu'aux *Remarques* (1).

C'était vraiment trop de complaisance. Il paraît même qu'on avait communiqué à Stahl des détails très-particuliers sur la susceptibilité de Leibnitz; car, à la seconde remarque de celui-ci, Stahl avait d'abord répondu, toujours dans l'impétuosité du premier mouvement, que c'était là un sophisme, une *ignorantia elenchi* : Leibnitz faisait dire à Stahl ce qu'il n'avait pas dit. Mais, ayant appris que cette accusation d'*ignorantia elenchi* était tout particulièrement désagréable à Leibnitz, Stahl la supprima (2).

Heureusement Stahl ne pourra pas toujours réprimer les élans de sa pensée ou en effacer la trace avec sa plume; et dans le cours de la discussion, on trouvera çà et là les rôles intervertis, Stahl quittant la défensive, l'accusé se faisant juge, et l'harmonie préétablie battue en brèche à son tour par l'auteur de l'animisme.

Quel est le point en discussion entre Stahl et Leibnitz? Il est bien simple et bien clair en lui-même, mais il est légèrement obscurci et embrouillé dans les objections de détail que Leibnitz fait à Stahl et dans les réponses diffuses de celui-ci. Cependant il s'éclaircit et se révèle plus distinctement dans les dernières Exceptions, particulièrement dans la xxi° et la xxviii°.

---

(1) *Negot. otios.*, p. 19, 20.
(2) *Ibid.*, p. 31.

C'est une question de vie ou de mort pour l'hypothèse de l'un ou de l'autre.

L'âme est-elle le principe des fonctions organiques et de tous les mouvements qui s'accomplissent dans le corps? Oui, dit Stahl; non, dit Leibnitz.

Il importe déjà de remarquer combien la question, ainsi posée, est avantageuse pour Leibnitz et défavorable à Stahl. A considérer ainsi les choses absolument, Leibnitz semble avoir raison contre son adversaire. Mais il en est ici comme de l'issue d'un procès, comme du sort d'un accusé qui peut être acquitté ou condamné unanimement par un jury, suivant que les juges posent d'une manière ou d'une autre les questions à résoudre. Si l'on examine en effet, non plus la simple réponse de Leibnitz, mais son plaidoyer et les considérants de son jugement, Stahl a beau jeu contre sa partie, et, s'il n'a pas raison absolument, raison contre la vérité, il a raison du moins contre l'hypothèse leibnitienne.

Les arguments dont se sert Leibnitz pour réfuter la doctrine de Stahl sont des arguments, non pas *ad hominem*, mais qu'on pourrait appeler au contraire *ex homine*. Nous pourrions condamner Stahl avant d'avoir écouté Leibnitz; mais, son plaidoyer entendu, c'est Leibnitz que nous condamnerons.

L'âme ne forme pas le corps, elle ne le conserve pas, dit Leibnitz. Mais pourquoi? Parce que les corps organisés, le sont de toute éternité; ils sont préorganisés et se développent ensuite mécaniquement. L'âme n'est pas le principe immédiat des fonctions organiques, dit-il encore, parce qu'elle n'est pas même la cause directe des mouvements volontaires : l'âme ne peut pas plus agir sur le corps que le corps sur l'âme ; elle n'agit pas plus sur l'estomac que sur les membres. Le commerce de l'âme et du corps ne consiste pas dans un échange d'actions réciproques, mais dans une simple harmonie préétablie dès la création.

Tels sont les arguments de Leibnitz. S'il s'attaque à Stahl, ce n'est pas qu'il voie dans son système une erreur plus grande que l'opinion vulgaire qui attribue à l'âme la direction des mouvements volontaires et lui enlève l'administration des fonctions vitales, mais il y trouve, comme dans toute doctrine où est admise la communication des substances, un principe contraire à son harmonie préétablie. C'est à cela seul qu'il est sensible, c'est à ce point de vue qu'il juge toutes choses. Ce qu'il prétend réfuter dans l'animisme, c'est ce principe général, que l'âme agit sur le corps, c'est-à-dire une incontestable vérité ; et ce qu'il faudrait réfuter, c'est cette prétention singulière, que l'âme dirige aussi bien en général les fonctions organiques que les mouvements volontaires. Or, comment Leibnitz pourrait-il combattre victorieusement cette partie de la doctrine de Stahl, lorsqu'il nie l'influence même volontaire et réfléchie de l'âme sur les mouvements musculaires ? Il lui faudrait commencer par renier son propre système, et c'est ce système qu'il veut défendre. Leibnitz s'est désarmé à l'avance contre Stahl ; bien plus, il prête à son adversaire des armes redoutables, car il ne serait pas difficile de montrer que l'impossibilité de toute action réciproque de l'âme et du corps mise à part, Leibnitz est animiste, Leibnitz est stahlien.

Comment Leibnitz définit-il le corps vivant et organisé? Le corps organisé est celui qui, composé d'une agrégation de *monades nues*, est dominé par une âme ou monade supérieure; il est animal, si cette monade est sensitive, homme, si elle est raisonnable. Les âmes sont donc les principes de vie (1).

« Je réponds d'abord que je n'attribue point un prin-
» cipe d'activité à la matière nue ou première, qui est
» purement passive et ne consiste que dans l'antitypie et
» l'étendue, mais au corps, c'est-à-dire à la matière
» vêtue ou seconde, qui contient en outre une entélé-
» chie primitive, ou principe actif... Je réponds en troi-
» sième lieu : ce principe actif, cette entéléchie première
» est réellement le principe de vie, doué aussi de la
» faculté de percevoir (2). »

Si ce n'est point là le véritable animisme, en quoi cette doctrine de Leibnitz en diffère-t-elle? Le voici : cette âme du vivant, de l'animal ou de l'homme, est, pour Leibnitz, principe de vie par sa seule présence; pour Stahl, elle l'est par son action efficace. Lequel des deux a raison? Stahl était condamné tout à l'heure, c'est Leibnitz qu'il faut condamner maintenant; il est convaincu d'animisme, et d'un animisme encore plus erroné que celui de Stahl, puisqu'il y ajoute l'erreur manifeste de l'harmonie préétablie.

(1) Leibnitz, *Considérations sur les principes de vie.*
(2) *Ibid., Lettres à Wagner*, édit. Erdmann, p. 466.

Stahl saura découvrir et signaler lui-même dans le cours de la discussion l'erreur de Leibnitz et l'analogie de cette hypothèse avec la sienne, un point excepté qui n'est dans celle de Leibnitz qu'une contradiction avec le principe de la monadologie et avec les faits, enfin les dangereuses conséquences de l'harmonie préétablie.

Les points vraiment importants de cette polémique ne sont pas nombreux, et toutes les critiques de Leibnitz aboutissent au même résultat, à la même accusation, tantôt timide, tantôt formelle, de matérialisme, adressée à la doctrine de Stahl. Elles ont toutes aussi le même principe, la même origine : l'âme de Stahl peut être, doit être, est corporelle, suivant les phases de la discussion, suivant le degré d'irritation auquel la réponse de Stahl a porté la susceptibilité du philosophe, par cet unique motif, que l'âme en agissant directement et efficacement sur le corps, de quelque façon que ce soit, pour imprimer aux muscles un mouvement volontaire ou pour faire digérer l'estomac, se mêle avec le corps, entre dans l'étendue, se répand, se divise, s'identifie avec la substance corporelle, en un mot, devient matérielle. Cette crainte a toujours été celle de Leibnitz ; c'est elle qui, les principes de la monadologie une fois établis, lui en a fait abandonner le sens véritable pour se jeter dans l'hypothèse de l'harmonie préétablie, et c'est l'horreur du panthéisme de Spinoza qui la lui a inspirée.

Stahl pourrait donc être bien réellement matérialiste, sans que les arguments de Leibnitz parvinssent soit à le convaincre de cette erreur, soit à la réfuter. Mais si

Stahl proclame hautement et à chaque page de chacun de ses écrits sa croyance à la spiritualité de l'âme, si cette croyance est le fondement naturel et nécessaire de tout son système, alors surtout il faudra d'autres arguments que ceux-là pour persuader à des lecteurs non prévenus que Stahl n'est en effet, malgré ses professions de foi si nombreuses et l'esprit général de sa doctrine, qu'un matérialiste déguisé.

La première et même la plus solide objection que Leibnitz adresse à Stahl ne porte point sur l'ensemble ni sur le point capital de sa doctrine, mais seulement sur une affirmation très-particulière et qui n'est point d'ailleurs une conséquence nécessaire de l'animisme.

« L'auteur ajoute, dit Leibnitz, que toute la destina-
» tion de l'âme humaine consiste seulement en ceci,
» qu'elle s'occupe des affections des choses corporelles,
» comme de sa fin véritable, unique et universelle. Bien
» que je croie qu'aucune pensée de l'esprit n'est jamais
» détachée des sens, au point que rien de corporel ne
» lui réponde, et que nous n'avons aucune pensée com-
» plète qui ne soit accompagnée d'images corporelles,
» et même (ce qui est bien plus) qu'aucune âme n'est
» jamais absolument séparée de tout corps organi-
» que, cependant je crois que l'esprit est plus étroi-
» tement uni à Dieu qu'aux corps, qu'il est moins
» destiné à connaître seulement les choses extérieures
» et par conséquent les corps qui s'y trouvent ren-
» fermés, qu'à se connaître lui-même, et, par tous ces
» êtres, leur auteur (1). »

(1) *Negot. otios.*, animadversio IV, p. 10.

Cette première remarque de Leibnitz n'est pas bien méchante, et au fond elle est juste, car Stahl dit en effet quelque chose de semblable dans sa *Théorie*, et y garde le silence sur la connaissance que l'âme peut avoir d'elle-même et de Dieu.

C'est aussi ce passage qui a particulièrement frappé M. Lasègue et lui fait dire : « C'est bien là la spiritualité » de l'âme et l'activité essentielle préposées à la ma-» tière, mais est-ce là le spiritualisme (1) ? » M. Lasègue parle ainsi, parce qu'il lui semble que la construction et la conservation du corps sont le but et la cause finale de l'existence et des actions de l'âme dans la théorie de Stahl.

Il est certain que le spiritualisme de Stahl n'est pas celui de Descartes et des psychologues qui séparent les fonctions organiques de la pensée et de la volonté pour les attribuer à un autre principe ; mais il n'est pas vrai que la construction et la conservation du corps soient le but unique et la cause finale de l'âme humaine ; c'est elle au contraire qui est la cause finale du corps et des organes qu'elle ne se construit que pour ses usages.

Stahl professe encore, il est vrai, cette opinion, que les pensées complètes et parfaites de l'esprit sont toujours accompagnées de l'imagination de quelque chose corporelle. Mais cette affirmation n'est guère différente de la propre opinion de Leibnitz, et elle n'est pas aussi absolue que celui-ci l'a faite. Stahl réclame avec raison

_____

(1) Lasègue, thèse, p. 46.

contre cette interprétation générale et exclusive de ses
paroles : « Où donc ai-je parlé, dit-il, de la destination
» de l'âme (1)? J'ai dit que le caractère et la destination
» de l'âme, telle que nous la savons, autant que nous
» la savons et la pouvons savoir, a pour objet les affec-
» tions des choses corporelles..... Or, savoir, c'est con-
» naître par les causes, connaître parfaitement, et,
» d'une telle science, nous ne connaissons de l'âme que
» ce que j'ai dit (2). »

Nous savons de science certaine que l'âme a des
idées claires et parfaites, quand elle se représente et
imagine les corps et leurs affections. Voilà ce que Stahl
affirme; pour le reste, il ne peut rien avancer aussi positivement, parce qu'il ne connaît pas aussi distinctement ce que l'âme fait, peut faire ou fera. Mais il ne
nie rien non plus. D'ailleurs, exposant une théorie
toute physiologique, il n'a point à traiter de la connaissance que l'âme peut avoir d'elle-même, ni de la connaissance de Dieu. « Dire ceci de cela, ce n'est pas nier
» cela de cela..... Je parle de physique et non de mo-
» rale, de ce que l'âme peut savoir de science certaine
» touchant son corps et non d'autre chose; je n'ai pas
» besoin d'en prévenir (3). »

Ce n'est donc pas à dire que l'âme ne puisse rien
concevoir sans le secours des images. Au contraire, la
distinction du λόγος et du λογισμός, à laquelle il faut tou-

(1) *Negot. otios.*, p. 145.
(2) *Ibid.*, p. 36, 37.
(3) *Ibid.*, p. 142, 143.

LEMOINE.   8

jours se reporter, prouve qu'elle peut concevoir vaguement et généralement, il est vrai, sans imagination ou fantaisie corporelle (1).

Et quand Leibnitz s'étonne de ce que Stahl fait l'objet de la raison figurable (2), Stahl s'explique ainsi : «Quant » à cet étonnement de ce que j'ai dit que la raison a » pour objet des choses corporelles et figurables, je ne » le comprends pas. J'ai toujours distingué λόγος et » λογισμός, *agnoscere* et *cognoscere*, savoir et connaître. » Bien des choses sont vraies pour le λόγος, l'*agnitio*, » qui ne sont pas claires pour le λογισμός, *cognitio, ra* » *tiocinatio*, parce que celui-ci a besoin de pouvoir ima » giner et décrire son objet. *Je n'ai pas pu dire, même* » *en rêve*, que rien n'est vrai des choses que conçoit le » λόγος, *ratio, agnitio*, sans fantaisie. Mais la véritable, » sérieuse et réelle connaissance s'applique aux choses » corporelles et figurables, et, comme disent les Fran » çais, je ne m'en dédirai pas (3). »

En effet, dans la doctrine de Stahl, il est un grand nombre de connaissances que l'âme doit au λόγος, par exemple, toute la science de la configuration générale et des moindres parties du corps organique, de ses fonctions, de la manière dont il faut les diriger, des remèdes naturels qu'il faut opposer à la maladie, toutes les idées du bien et du mal, de l'agréable et de son contraire, et beaucoup d'autres du même genre. Ces

---

(1) *Negot. otios.*, p. 145.
(2) *Ibid.*, p. 180.
(3) *Ibid.*, p. 205.

connaissances naturelles ne sont pas les plus claires et les plus parfaites, mais ce sont les plus sûres et les plus nécessaires, et cependant elles ne tombent pas sous la puissance de l'imagination. C'est lorsque l'âme veut embrasser par le raisonnement, λογισμὸς, ce que peut concevoir la seule raison, λόγος, c'est lorsqu'elle veut se représenter sous une figure ce qui ne peut qu'être pensé simplement, c'est alors que l'âme se trompe et que ses erreurs sont souvent funestes à la santé du corps, qu'elle est chargée d'entretenir par la seule puissance du λόγος.

Ce n'est pas à dire non plus que l'âme ne puisse parvenir à la connaissance de Dieu ni d'elle-même. Il ne s'agit dans la *Théorie* que des rapports de l'âme avec son corps et non pas de Dieu, non plus que de la destinée future de l'âme. Stahl n'est point obligé d'expliquer hors de propos l'essence ou la destinée de l'âme humaine et de donner des preuves de l'existence de Dieu. Cependant il ne doute pas que l'âme puisse atteindre à cette connaissance de Dieu; mais ce sera surtout par la considération « des mouvements des corps » qu'elle est capable de percevoir, qu'elle parviendra à » connaître Dieu, cause première, principale, unique de » tous les mouvements et de leur direction. Si cette » cause cessait d'être, tous les mouvements et tous les » corps cesseraient d'exister; c'est pourquoi l'âme peut » connaître la dignité et le pouvoir de ce Dieu » unique (1). »

(1) *Negot. otios.*, p. 37, 38.

L'âme ne se fait pas pour cela «un concept clair et ferme
» de l'essence et de la puissance de Dieu sans le secours
» de la foi…. Et encore toutes les âmes ne peuvent-elles
» atteindre jusque-là. La plupart ne connaissent Dieu que
» par tradition ; et cela, parce qu'en cette vie terrestre,
» l'âme est attachée aux affections corporelles (1).

   » L'âme ne connaît également son essence, son passé,
» son avenir, que par la foi et non par elle-même (2). »

Il y a de la confusion, de l'erreur, de la contradiction
même dans ces réponses de Stahl, cela est incontestable ; mais si, poussé à fond par Leibnitz et contraint à
se prononcer sur des questions de métaphysique tout à
fait étrangères à ses études habituelles et à la nature de
son esprit, Stahl ne se montre ni métaphysicien très-
profond, ni très-conséquent rationaliste, il serait bien
injuste de l'accuser pour cela d'athéisme ou de matérialisme. S'il a plus souvent recours, dans ces questions
toutes nouvelles pour lui, à la foi qu'à la raison, il ne
faut pas oublier que, non-seulement il n'est pas métaphysicien, mais qu'il est piétiste. Enfin, si Leibnitz n'a
rien trouvé dans la *Théorie* qui permette de croire que,
selon Stahl, l'âme puisse s'élever à la connaissance de
Dieu, il aurait rencontré cette pensée clairement énoncée
ailleurs dans un passage déjà cité du traité sur la *Diffé-*
rence du mécanisme et de l'organisme, où Stahl, non-seulement voit une preuve de l'excellence de la raison et
de l'âme sur les organes et leurs fonctions dans la

(1) *Negot. otios.*, p. 37, 38.
(2) *Ibid.*

puissance qu'a l'esprit de s'élever jusqu'à la connaissance de Dieu créateur, mais encore proclame cet acte de la pensée qui s'élève à Dieu, le plus grand et le plus beau que l'on puisse trouver au monde (1).

Avec Stahl, bien moins encore qu'avec tout autre philosophe, il ne faut jamais presser la lettre parce qu'elle est obscure; il faut consulter plutôt l'esprit général qui éclaire tout son système. Leibnitz s'est trop souvent attaché à la lettre et quelquefois sciemment, comme nous en trouverons des exemples manifestes.

Parfois cependant Leibnitz touche plus sérieusement à la doctrine de Stahl; il en attaque le point principal, mais il est destiné à avoir la main malheureuse, et il se heurte chaque fois contre l'erreur de son propre système qui lui rend impossible la critique de celui de Stahl. Il ne veut pas que l'âme puisse imprimer au corps le moindre mouvement, et quand Stahl, en se défendant, lui objecte que son harmonie préétablie n'est qu'une hypothèse invraisemblable, contredite par l'expérience et même contradictoire, Leibnitz alors, comme Stahl en avait été prévenu, se fâche et lance son anathème, son accusation de matérialisme qu'il laisse toujours suspendue sur la tête de Stahl. Stahl est matérialiste; pourquoi? Parce qu'il prétend que l'âme entretient avec le corps un commerce direct, qu'elle est capable de mouvoir les organes.

Telle est la marche uniforme de la discussion qui roule toujours dans le même cercle. Les premières re-

---

(1) *Disq. de m. et org.*, p. 34.

marques de Leibnitz sont bienveillantes, inoffensives;
Stahl répond, se défend, attaque Leibnitz à son tour,
et celui-ci, dans ses *Exceptions*, change aussitôt de
langage. L'auteur de la *Théorie* était simplement dans
l'erreur; mais du moment qu'il résiste et se permet de
critiquer l'harmonie préétablie, l'auteur des *Réponses*
fait l'âme corporelle et mortelle, il attaque la théologie
naturelle et révélée.

« Si l'âme, dit Leibnitz, avait assez de pouvoir sur
» la machine pour lui commander quelque chose qu'elle
» ne dût pas faire spontanément, il n'y aurait plus de
» raison pour qu'elle ne pût lui commander quoi que
» ce fût, parce qu'il n'y a aucune proportion entre l'âme
» et le corps, et qu'on ne peut trouver aucune raison
» pour que la puissance de l'âme soit renfermée dans
» des limites déterminées. Par exemple, si c'était la
» force de l'âme qui nous fît sauter, il n'y aurait pas
» de raison pour que nous ne pussions atteindre en
» sautant une hauteur si grande qu'elle fût; le corps ne
» pourrait en aucune sorte faire obstacle à l'âme, et la
» nature (c'est-à-dire l'âme, selon l'illustre auteur) se-
» rait dès lors le plus efficace guérisseur de tous les
» maux et ne manquerait jamais son but (1). »

Il faut convenir que l'objection est singulière; et, si
tel est le principe dont la négation équivaut au matérialisme, on peut faire bon marché des accusations de
Leibnitz, au lieu de les accepter sans contestation et de
les répéter sans contrôle.

(1) *Negot. otios.*, animadv. XXI, p. 16.

Stahl est fort sur ce terrain, car il a la raison pour lui et il fait valoir son bon droit. Il comprend que c'est là le point capital de la discussion pour la doctrine de Leibnitz comme pour la sienne. Et d'abord, il veut écarter quelques difficultés qui obscurcissent et embarrassent la principale question : « Si l'âme, dit-on, ac-
» complissait elle-même tout ce qui se fait dans le corps
» en lui imprimant le mouvement, il s'ensuivrait qu'elle
» pourrait sur le corps quelque chose que ce fût, à la-
» quelle le corps ne serait en aucune façon disposé;
» et cela, parce qu'il n'y a aucune proportion entre
» l'âme et le corps (1). Mais premièrement, l'énergie
» de l'âme sur son corps consiste dans la puissance de
» mouvoir ; or, comme le mouvement a un rapport
» avec le mobile, en tant que mobile, on ne peut tirer
» cette conséquence que l'âme pourrait mouvoir le
» corps dans une autre proportion que celle où le corps
» est capable du mouvement. L'énergie de l'âme et
» l'âme elle-même sont-elles donc infinies? De plus,
» aucun agent fini ne peut agir sur un patient au delà
» des limites de la puissance de réceptivité de ce pa-
» tient (2). »

D'ailleurs Leibnitz affirme, sans apporter aucune preuve, qu'il n'y a pas de proportion entre l'âme et le corps ; or, cela est faux, et voici les raisons que Stahl en donne : « La condition essentielle de l'âme est d'être
» finie ; elle a donc une commune proportion avec le

---

(1) *Negot. otios.*, p. 82.
(2) *Ibid.*, p. 82, 83.

» corps (également fini). La condition essentielle de
» l'âme est d'être (à un certain moment et pour un cer-
» tain temps du moins) dans le corps. Cette société sup-
» pose la proportion (1). »

Il ne faut donc pas dire « qu'on ne peut trouver au-
» cune raison pour que le pouvoir de l'âme soit renfermé
» dans des limites déterminées..... Ces raisons sont évi-
» dentes : l'âme est un être fini, elle est occupée, elle
» agit dans un autre être déterminé, donc elle n'a pas
» dû recevoir des forces indéterminées (2). »

Ces difficultés toutefois ne sont que secondaires;
Leibnitz soutient deux choses autrement graves : « 1° Que
» le mouvement doit être attribué en propre à la ma-
» chine corporelle; 2° parce que l'âme est inhabile à
» produire un tel effet, c'est-à-dire parce qu'elle est in-
» cable de l'énergie motrice (3). »

A la première proposition Stahl se contente d'opposer
l'expérience qui ne nous montre en aucune façon que
les corps aient en eux une force propre et spontanée :
on ne peut refuser à Dieu la puissance d'avoir ainsi fait
les corps; mais il ne s'agit pas tant de savoir ce que
Dieu a pu que ce qu'il a voulu (4).

Au grand argument par lequel Leibnitz accorde au
corps le mouvement spontané et refuse à l'âme la faculté
motrice, parce que l'âme, surtout l'âme raisonnable,
est incapable de cet acte moteur, Stahl répond :

(1) *Negot. otios.*, p. 83, 84.
(2) *Ibid.*, p. 84, 85.
(3) *Ibid.*, p. 82.
(4) *Ibid.*, p. 87 à 90.

« Que l'âme ne puisse mouvoir le corps, je le nie,
» parce que cette raison, que l'âme est immatérielle,
» vraie en elle-même, est mauvaise comme raison et
» prouve bien plutôt le contraire. Je nie encore que
» l'âme soit incapable de mouvoir, sous prétexte que
» le mouvement est une affection du corps. Le mouve-
» ment n'est pas le corps, c'est un acte, une chose in-
» corporelle qui présuppose une cause incorporelle.
» L'âme incorporelle et le mouvement se conviennent
» donc l'une à l'autre.... La puissance motrice appar-
» tient à l'âme; Dieu la lui a donnée; le ὅτι est évident
» et le διότι est plus facile à concevoir que la multipli-
» cation des êtres sans nécessité (dans la monado-
» logie). Il est donc faux que le matériel et l'imma-
» tériel ne puissent avoir rien de commun l'un avec
» l'autre (1). »

Voilà Leibnitz, à son tour, serré de près, et son hypothèse favorite sérieusement attaquée. Après quelques
remarques de détail sur la réponse de Stahl, il a enfin
recours au grand moyen.

« Enfin, dit Leibnitz, la réponse en vient à nier que
» l'âme soit immatérielle; cela étant, tomberaient, je
» l'avoue, tous les arguments par lesquels nous avons
» montré que l'âme ne peut imprimer au corps un nou-
» veau mouvement ni une nouvelle direction. Mais,
» comme il s'ensuivrait que l'âme est vraiment corpo-
» relle, il en résulterait, quoique par une fausse raison,
» que tout se fait en réalité mécaniquement (contraire-

(1) *Negot. otios.*, p. 93 à 108.

» ment à l'esprit de la réponse), c'est-à-dire par les lois
» des mouvements (1). »

Leibnitz est-il de bonne foi quand il parle ainsi ;
n'est-ce pas là plutôt un de ces échappatoires dont il a
souvent accusé ses contradicteurs ou ses devanciers
d'user dans la détresse? Stahl a-t-il, en effet, nié dans
sa réponse l'immatérialité de l'âme? Il a nié seulement cette proposition, « que l'âme n'a pas l'énergie
» motrice, » et cette autre, « qu'il n'y a aucun com-
» merce, aucune réciprocité d'action entre l'âme et le
» corps. »

- Si c'est là nier l'immatérialité de l'âme, il n'y aura de
spiritualistes que Leibnitz, Malebranche et les quelques
autres métaphysiciens qui nient la communication des
substances.

Stahl a donc grandement raison de s'écrier avec une
sorte d'indignation contenue : « Est-ce donc moi qui ai
» nié que l'on pût, bien mieux, que l'on dût appeler
» l'âme immatérielle dans le sens intelligible de ce mot,
» quoique je nie constamment que l'âme puisse être
» ainsi appelée dans le sens confus qu'on lui donne gé-
» néralement (Malebranche et Leibnitz), quand on en-
» tend par ce mot *immatériel*, quelque chose de négatif,
» de contradictoire, d'absolument opposé à tous les at-
» tributs du matériel, sans indiquer aucun caractère
» positif d'une telle immatérialité? Voilà pourquoi j'ai
» raison de faire remarquer l'abus de l'opposition qu'on
» fait entre l'action et la passion, dont la nature, cha-

(1) *Negot. otios.*, p. 182.

» cune prise à part, est sans doute contraire, mais qui
» ont une corrélation évidente, un lien de réciprocité
» essentiel... Si donc l'immatérialité, au sens confus et
» vulgaire, exclut l'âme de tout commerce avec le
» corps, je nierai éternellement qu'en ce sens l'âme soit
» immatérielle; mais je ne le nie pas, comme on m'ac-
» cuse de le faire, selon tout autre sens (1). »

Stahl est donc bien véritablement, jusqu'à présent du
moins, spiritualiste, mais il croit, avec le sens commun
et le monde entier, que l'âme spirituelle n'en est pas
moins capable de mouvoir le corps. C'est là le crime
que ne peut lui pardonner l'auteur de l'harmonie
préétablie.

Un autre reproche, moins grave en apparence, que
Leibnitz fait à Stahl, mais qui touche de plus près peut-
être à la nature de l'âme, est celui-ci : « Je ne dirais
» pas que toute action est un mouvement (c'est-à-dire
» un mouvement local). Les actes internes de l'âme
» sont ceux d'une substance sans parties, pour ne rien
» dire des actes immanents de Dieu (2). »

Si Stahl convient en effet que toutes les actions de
l'âme sont des mouvements et des mouvements locaux,
s'il convient surtout, comme Leibnitz le lui reproche
encore, que le mouvement est l'âme elle-même, conservatrice du corps, le spiritualisme de Stahl courra
plus de risques par cette simple assertion que par ce
principe fondamental auquel cependant Leibnitz attache

(1) *Negot. otios.*, p. 211.
(2) *Ibid.*, animadv. XXII, *b*, p. 16.

une bien plus grande importance et une bien plus grave
erreur : que l'âme possède et exerce la puissance de
mouvoir le corps.

Mais Stahl explique sa pensée qui ne renferme pas
tant de dangers. Par ces mots, mouvement et mouvement local, il entend généralement tout mouvement ou
toute action qui fait passer une chose d'un état à un
autre. En ce sens général, la pensée, le raisonnement,
toute opération de l'esprit, est un mouvement (1). Stahl
n'a surtout jamais confondu l'âme avec le mouvement.

« Qu'est-ce qui peut mieux m'absoudre de cette accu-
» sation que cette proposition qui est comme la base et
» le fondement de toute cette discussion? Car, dis-je,
» je reconnais et je déclare que l'âme est ce principe
» doué de la faculté de mouvoir, par cette raison que
» le mouvement, son acte, son effet, est, tout pesé,
» tout considéré, quelque chose d'incorporel, et par
» cela même atteste clairement le caractère de sa cause
» efficiente, également incorporelle. De plus, j'insiste
» sur toutes les autres actions de l'âme humaine qu'on
» lui attribue unanimement, la pensée, l'intelligence, la
» comparaison et la volonté qui se conforme à l'intel-
» ligence, c'est-à-dire l'appétit de ce que l'intelligence a
» jugé bon (soit d'un jugement vrai et complet, en vérité,
» soit d'un jugement précipité, incomplet, en opinion),
» lesquelles actions doivent être considérées comme
» s'accomplissant généralement aussi par le mouve-

(1) *Negot. otios.*, p. 112.

» ment, c'est-à-dire par le passage d'une chose à une
» autre (1). »

Cette idée générale du mouvement n'est autre que
l'antique opinion d'Aristote, et Stahl cite même ce mot
de l'ancien philosophe, que la pensée est une *prome-
nade de l'âme*, et cette définition, que tout passage de
la puissance à l'acte est un mouvement (2).

Il semble que cette explication parut satisfaisante à
Leibnitz, car il se contente de faire remarquer dans
l'exception correspondant à la réponse de Stahl, qu'il
aurait fallu dire changement et non mouvement (*mutatio
et non motus*) (3). Stahl a donc échappé cette fois à l'accusation de matérialisme toujours suspendue sur sa
tête dans les conclusions de Leibnitz. Mais l'occasion va
se présenter de nouveau, plus belle que jamais, dans
cette théorie de la sensation, déjà citée, où Leibnitz ne
trouve d'abord qu'un simple sujet de crainte, dont se
sont emparés les critiques de Stahl pour le proclamer
définitivement matérialiste.

« Il est dit au même endroit que la sensation n'est
» autre chose que la réaction de subtils mouvements
» externes contre les plus subtils mouvements institués
» par l'âme dans le but direct de percevoir. Mais je
» crains que l'âme ne soit ainsi rendue corporelle et
» mortelle, et ne soit transformée en ce que d'autres
» désignent par le nom d'esprits, c'est-à-dire d'esprits

(1) *Negot. otios.*, p. 130.
(2) *Ibid.*, p. 98.
(3) *Ibid.*, *exceptio XXIII*, p. 216.

» corporels, d'autant plus que l'illustre auteur nie
» l'existence de semblables esprits, en tant que diffé-
» rents de l'âme. C'est ainsi que Hobbes expliquait la
» sensation par une réaction. Mais je crois l'illustre au-
» teur tout à fait éloigné d'enlever à l'âme l'immaté-
» rialité, puisqu'il regarde le mouvement comme une
» chose incorporelle, et à plus forte raison l'âme, source
» du mouvement (1). »

La crainte de Leibnitz est certainement mal fondée ;
elle ne lui est inspirée que par cette rencontre, ce
commerce, cette lutte de l'âme et du corps, dont la
sensation est une conséquence manifeste. On pourrait
reprocher à Stahl d'avoir fait de la sensation une action volontaire de l'âme, mais non point de faire courir
le moindre risque à la spiritualité ou à l'immortalité de
celle-ci. Au moins la remarque de Leibnitz est-elle
courtoise, et s'empresse-t-il de reconnaître que Stahl
ne dit ni ne pense rien de ce qu'on pourrait conclure
de sa théorie ; tout au contraire, de l'aveu de Leibnitz,
il fait partout profession de spiritualisme. C'est que
Stahl n'a pas encore répondu. Leibnitz s'était flatté
d'amener facilement Stahl à l'harmonie préétablie, en
daignant illustrer sa *Théorie* de quelques annotations.
La résistance de Stahl à laquelle il ne s'attendait pas
l'irritera plus tard, et il ne s'en tiendra plus alors à une
crainte vague et aussitôt dissipée que conçue.

« Cette crainte est-elle légitime, répond Stahl, je ne
» m'en occuperai pas ; ce que j'ai dit des caractères

(1) *Negot. otios., animadv.* XXVIII, p. 18.

» communs de l'âme et du corps montre évidemment
» qu'elle n'est ni juste ni fondée. Je ne lui trouve sur-
» tout aucun fondement, ni même aucun prétexte dans
» le caractère de l'activité motrice (1). »

En effet, si l'âme est véritablement active, si elle est
une force, une énergie, comme le veut Leibnitz, la conséquence qu'il en faut tirer, c'est qu'elle est capable
d'agir sur le corps ; cette action de l'âme sur le corps
découle de sa nature, loin de mettre en danger sa spiritualité. C'est le point faible de la doctrine de Leibnitz, de croire que l'âme, quoique douée d'une énergie
propre et puissante, est incapable d'agir sur la matière ;
et, comme toutes ses accusations contre Stahl n'ont pas
d'autre origine, elles sont destinées à l'avance à être
repoussées victorieusement.

« Je suis, comme on finit très-bien par conclure,
» aussi éloigné que possible d'attribuer à l'âme la ma-
» térialité ou la corporéité, c'est-à-dire une pure pas-
» sivité, privée d'activité propre. Mais je ne le suis pas
» du tout d'enlever à l'âme une immatérialité qui con-
» sisterait dans une absolue négation de tous les carac-
» tères qui conviennent à la matière. J'affirme au con-
» traire que l'âme a très-manifestement deux caractères
» qui lui sont communs avec le corps : 1° la limitation
» (non pas quant à l'étendue locale et absolue), mais
» quant à son activité certainement finie ; 2° une acti-
» vité très-évidente, et qui n'est jamais plus manifeste
» que quand elle s'applique au corps et par le corps. »

(1) *Negot. otios.*, p. 119.

» Mais d'un autre côté, je n'attribue à l'âme aucune
» immatérialité qui ne s'accorde avec cette activité
» motrice (1). »

La pensée de Stahl est assez claire. Oui, l'âme est
spirituelle, si l'on entend par là qu'elle diffère du
corps, qu'elle lui est opposée par sa nature, qu'elle
ne remplit aucun espace de sa substance, qu'on ne
peut la concevoir sous aucune image ou figure,
qu'elle a une énergie propre pour mouvoir le corps.
Mais l'âme n'est pas spirituelle, si, pour qu'elle soit
telle, il faut concevoir que cette différence, cette
opposition de nature entre l'âme et le corps, empêche
tout commerce de l'une avec l'autre, toute action de
l'esprit sur la matière.

On comprend donc difficilement que Leibnitz ait pu,
sans quelque mauvaise volonté ou sans un singulier
aveuglement causé par le préjugé de sa propre doctrine, dire dans l'exception correspondant à la réponse
de Stahl : « La réponse semble tantôt affirmer, tantôt
» nier que l'âme est immatérielle. Mais dans ce passage,
» l'auteur explique ainsi sa pensée : l'âme n'est pas im-
» matérielle, parce qu'elle ne manque pas d'une acti-
» vité propre. Mais cet argument prouve peu ; tout corps
» en mouvement a une activité propre et n'est cepen-
» dant pas immatériel, bien qu'il contienne quelque
» chose d'immatériel, à savoir l'entéléchie primitive.
» Or, comme il ressort de l'esprit de la réponse que
» l'âme est divisible ou étendue et qu'elle peut mouvoir

---

(1) *Negot. otios.*, p. 121.

» le corps et avoir ainsi l'antitypie ou la résistance, je ne
» vois pas pourquoi, d'après la pensée de l'auteur,
» l'âme ne serait pas en réalité un corps, en sorte que,
» le nom changé, l'âme paraît ainsi substituée aux es-
» prits animaux, la différence entre elle et ceux-ci con-
» sistant en je ne sais quoi d'indéterminable dont on
» n'a aucun compte à tenir (1). »

Il y a deux choses à distinguer dans cette instance
de Leibnitz ; d'abord la répétition de la même accusation fondée sur le même motif : l'âme de Stahl agit sur
le corps, donc elle est corporelle ; et puis l'allégation
d'une raison toute différente et qui n'avait point encore
été produite : Stahl fait l'âme étendue et divisible. Si
cela est, la question prend une face nouvelle et un nouvel intérêt, et nous pourrons bien condamner Stahl désormais, sans accepter toutefois les premiers considérants que Leibnitz a fait valoir.

(1) *Negot. otios., exceptio XXIX*, p. 221. — Au moment même
où cet échange d'observations et de réponses avait lieu entre Leibnitz
et Stahl et où celui-ci traitait si injustement la doctrine de son adversaire dans ses *Remarques*, il était plus juste envers lui dans ses lettres ; car, en 1711, Leibnitz écrit à Kortholt : « Je voudrais savoir
» ce que pense votre frère des doctrines nouvelles et, si je ne me
» trompe, quelque peu superbes du célèbre médecin Stahl ; quoiqu'il
» écrive d'une façon trop embarrassée et juge trop témérairement les
» autres, et souvent méprise ce qu'il faudrait louer, cependant il me
» paraît avoir quelque chose de bon, surtout lorsqu'il serre de près
» les observations. Au reste, il incline vers l'archée de Van Helmont,
» quoique se servant d'autres termes. » (Leibnitz, édit. Dutens,
Epist. 20 ad Sebast. Kortholtum. Hanov., 8 décembre 1711.)

Quant à la répétition de la même accusation, Stahl semble enfin perdre patience : « Comment lire sans » dégoût, dit-il, cet argument tant de fois répété de » l'activité propre? » Et il demande à son tour si ce n'est pas plutôt Leibnitz qui tantôt affirme et tantôt nie : « Il s'appuie sur des hypothèses incompréhensibles et » bien plus chimériques que tout ce dont on peut m'ac- » cuser, par exemple, sur un mouvement qui n'existe » jamais, qui n'a pas de parties, parce qu'il n'a pas de » parties simultanées, qui non-seulement n'est pas ma- » tériel, mais qui n'est pas (1), sur des entéléchies qui, » bien qu'immatérielles, sont dans le corps et avec le » corps. De toutes ces choses, j'en fais juge le premier » venu, peut-on dire ce qu'on dit de moi, qu'elles sem- » blent tantôt nier, tantôt affirmer, ou ne doit-on pas » dire bien mieux et tout simplement que tantôt elles » affirment et tantôt elles nient (2)? » Stahl termine enfin, si l'on peut parler ainsi, par un véritable coup de boutoir : « Ces nouvelles inventions, non-seulement ne » sont pas des fruits, mais ne sont pas frugales, et à » bien plus juste titre, on peut les servir à des mangeurs » de glands (3). »

Cependant Stahl fait-il l'âme étendue et divisible, comme Leibnitz l'en accuse? Si cela est, il faut du moins convenir que cela ne ressort pas de l'esprit général de sa réponse. C'est l'action de l'âme, c'est-à-dire le mou-

---

(1) Allusion à la théorie de Leibnitz sur le mouvement abstrait.
(2) *Negot. otios.*, p. 222.
(3) *Ibid.*, p. 223.

vement qu'elle imprime à la matière, que Stahl fait divisible, et non l'âme elle-même, comme on le voit par ces mots : « Quant à ceci que l'âme, telle que je la » conçois, doit être en réalité corporelle, à cause de la » divisibilité de son action, etc. (1). » Leibnitz ne cite aucun texte, ne fait allusion à aucun passage, ni de la *Théorie*, ni des *Réponses ;* et d'où vient qu'il produit si tard cette nouvelle accusation ? Il dit que l'âme de Stahl est étendue et divisible, parce qu'elle agit sur le corps étendu et divisible. Ce n'est qu'une manière de présenter sous une nouvelle forme la même accusation, que l'âme de Stahl est corporelle, parce qu'elle agit sur le corps ; elle n'a donc ni plus de valeur, ni plus de vérité qu'auparavant.

Il est cependant un passage, non pas des *Réponses* de Stahl, mais de la *Théorie*, avec lequel Leibnitz n'eût pas manqué de chanter victoire, s'il l'avait eu sous les yeux. Mais il n'a évidemment lu ou feuilleté de la *Théorie* que les premières pages ; c'est là que s'arrêtent ses doutes. Or, ce passage, très-éloigné du début de la *Théorie* que Leibnitz paraît seul connaître, se cache dans le chapitre purement médical en apparence, *De la génération*. Stahl qui n'aime pas à imaginer ce qui peut être, et s'en tient rigoureusement d'habitude à ce qui est, ou du moins à ce qu'il croit être, se lance cette fois dans le champ de la conjecture ; il ne serait donc pas étonnant qu'il s'y fourvoyât. Cependant on ne peut pas dire qu'il se soit bien fortement engagé dans l'erreur.

(1) *Negot. otios.*, p. 222.

« Une question difficile est suivie de près par une se-
» conde, par une troisième et toujours ainsi. Or, voici la
» seconde : Si c'est l'âme qui doit construire le corps,
» peut-elle être communiquée avec le sperme ? Voici
» la troisième : Et comment peut-elle être divisée ?...
» Pour ce qui regarde la division de l'âme, certaine-
» ment on peut s'en faire une idée générale, car l'es-
» sence de l'être, en tant qu'elle tombe sous les sens,
» consiste surtout dans l'activité motrice ; or, le mou-
» vement consiste dans une perpétuelle division numé-
» rique, de sorte qu'aucun mouvement n'est en divers
» temps le même que le mouvement de l'instant écoulé.
» Il n'y a aucun empêchement à transporter cette con-
» sidération en un certain point au moteur lui-même,
» c'est-à-dire qu'il n'y a pas de répugnance à concevoir
» que, comme le mouvement est une chose divisible,
» le moteur lui-même puisse sembler aussi divisible.
» Mais ne nous mêlons pas trop laborieusement de ces
» questions stériles et vraiment oiseuses, puisqu'il nous
» suffit d'avoir cité la vérité à posteriori ? Que celui qui
» a du loisir et point de dégoût, développe les commen-
» taires qui existent sur la transmission des âmes ou
» leur création à nouveau dans les individus (1). »

Voilà, dans les nombreux et volumineux ouvrages de
Stahl, le seul texte que pourraient invoquer ceux qui
l'accusent d'avoir fait l'âme corporelle, étendue et divisible. Or, il est singulier qu'aucun de ceux-là ne le cite,
et que tous se contentent de répéter que ce sont les

(1) *Theoria med. vera.* Phys., sect. IV, § 12, p. 374.

objections de Leibnitz qui ont forcé Stahl à confesser son matérialisme.

Stahl n'a jamais confessé le matérialisme; au contraire, il a toujours et énergiquement protesté avec d'excellentes raisons contre cette imputation. Et ce texte, il est facile de le réduire à sa juste valeur. « On peut concevoir le mouvement divisible parce qu'il s'écoule dans la durée, se succède à lui-même et ne se ressemble jamais parfaitement. Peut-être aussi, dit Stahl, l'âme peut-elle être conçue comme divisible, parce qu'elle aussi dure, et à aucun instant de sa durée, n'est absolument la même. » Il ne s'agit donc déjà que de la divisibilité dans la durée et non dans l'étendue; or, personne ne peut contester que l'âme ne dure. Dire que l'âme motrice est divisible parce qu'elle dure, cela peut être une conception confuse et même contradictoire; mais Stahl est le premier à le reconnaître, ce qui en atténue la gravité, tant il lui semble impossible de satisfaire l'esprit sur de telles questions stériles et oiseuses, faites seulement pour inspirer du dégoût. Pourrait-on, sans injustice, s'emparer de ce passage, qui n'est d'ailleurs rien moins que clair et décisif par lui-même, pour s'en faire une arme contre Stahl, quand il ne s'agit pas de la divisibilité dans l'étendue, mais seulement dans la durée, et quand le matérialisme répugne manifestement à l'esprit général de sa doctrine tout entière ?

Ce qui donne encore plus de force à l'interprétation de ce passage unique et inconnu de Leibnitz, c'est la réponse que fait directement Stahl à son accusation :

9.

« Il est faux, dit-il, que rien ne puisse être divisé, qui
» ne soit étendu ; le temps peut être divisé sans qu'on
» en sépare les parties, et aussi le mouvement, de
» même encore l'acte de l'âme ou du principe moteur.
» Elle est inétendue, et cependant son acte peut être
» divisé et se répandre dans les parties du corps ; et je
» conçois cela bien mieux que ces monades infinies
» placées dans des corps en nombre infini (1). »

Il est donc bien évident qu'il ne s'agit pas de la divisibilité de l'âme dans l'étendue, mais seulement dans le temps, et même qu'il est plutôt question de la divisibilité de l'action de l'âme motrice que de celle de l'âme elle-même ; enfin il est impossible de proclamer plus clairement que l'âme elle-même est de sa nature inétendue.

Leibnitz n'a pas seulement accusé Stahl de rendre l'âme corporelle, mais aussi de la faire mortelle. C'est encore son hypothèse favorite de l'harmonie préétablie et ce qu'il y a de plus hypothétique et de plus téméraire dans celle de la Monadologie, que Leibnitz veut défendre en portant contre Stahl cette autre accusation. Mais, en vérité, Stahl fait encore moins l'âme humaine mortelle, s'il est possible, qu'il ne l'a faite corporelle. Il pense seulement que l'âme n'est pas éternelle nécessairement et par son essence ou par cela seul qu'elle existe. Il pense que l'âme a commencé, que tout ce qui commence peut finir, que l'âme est sans doute immortelle, mais qu'elle ne doit son immortalité qu'à une faveur

(1) *Negot. otios.*, p. 208, 209, 210.

spéciale de Dieu, qu'enfin par conséquent il n'y a que la foi qui puisse nous assurer de notre immortalité. Or Leibnitz professe cette doctrine hardie que l'âme humaine, non plus que toutes les autres monades, n'a pas commencé d'être, parce que toutes les monades sont simples, que, n'ayant pas commencé, elles sont indestructibles, qu'il faudrait un miracle de Dieu pour anéantir une âme ou un atome, comme pour le faire commencer d'être. La raison suffit donc sans le secours de la foi à nous instruire, selon Leibnitz, de notre immortalité.

« On ne peut pas prouver, dit Stahl, que Dieu ait
» donné pour l'éternité et nécessairement une fois pour
» toutes l'usage de la raison à l'homme, si ce n'est par
» une particulière et gracieuse volonté. Car rien n'est
» plus évident que ceci : Tout ce qui a commencé peut
» cesser d'être, à moins que Dieu ne le veuille autre-
» ment. Or, tous les arguments que l'on donne de l'im-
» mortalité de l'âme raisonnable en dehors de la révé-
» lation sont vains, parce qu'ils vont contre cette
» vérité, que tout ce qui commence peut finir (1). »

Ce n'est pas que Stahl nie cette immortalité; la foi la lui assure et la raison même la lui rend probable :
« Quant aux dogmes de la foi révélée sur l'âme, je crois
» qu'il faut les attribuer à la seule grâce divine. Cepen-
» dant, autant que l'on peut savoir maintenant de
» science naturelle, je ne vois en elle aucune répu-
» gnance à ces dons de la grâce. Il n'y a, en effet, au-

(1) *Negot. otios.*, p. 93.

» cune contradiction à concevoir que cet agent a pu
» recevoir innée et imprimée une activité perpétuelle,
» qu'il lui serait donné de conserver et d'exercer sans
» fin (1). »

Après cette réponse, Leibnitz ne peut plus accuser
Stahl de faire l'âme mortelle, mais il trouve que cette
opinion de Stahl nuit à la religion, à la théologie naturelle et révélée, parce que la religion doit s'appuyer
sur le dogme de l'immortalité de l'âme, au lieu de
l'imposer au nom de la foi (2).

Stahl peut bien s'être montré philosophe peu profond,
en ne trouvant pas dans la raison, dans la morale, des
gages suffisants de notre immortalité; mais au moins il
ne fait pas l'âme mortelle, et sa réserve est peut-être
plus près de la vérité que la singulière témérité de l'hypothèse leibnitienne.

Piétiste, Stahl est particulièrement irrité de cette
autre accusation qui, elle aussi, se reproduit sans cesse,
« qu'il nuit à la théologie naturelle et révélée », et qui
était devenue comme le cri de guerre ou le mot d'ordre
des adversaires de Stahl. Fr. Hoffmann, en effet, qui
aurait dû laisser toujours la discussion sur le terrain de
la médecine et de la physiologie, au lieu de la transporter maladroitement sur celui de la métaphysique ou
de la religion, Hoffmann, se faisant l'écho fidèle de

_____

(1) *Negot. otios.*, p. 121. — Telle est à peu près aussi l'opinion
de Descartes. (Voy. *OEuvres de Descartes*, édit. Cousin, t. I, p. 444 ;
t. II, p. 347.)

(2) *Negot. otios.*, p. 182.

Leibnitz, accuse aussi Stahl d'athéisme, parce qu'il attribue à la matière une trop grande puissance. Chaque fois que Leibnitz renouvelle cette accusation, Stahl ne peut réprimer ce premier mouvement, mauvais conseiller, qui lui fait enfreindre les conseils de modération qu'on lui a donnés. Alors il ne peut s'empêcher d'examiner et de critiquer à son tour la doctrine de Leibnitz et de retourner contre elle l'accusation avec assez d'habileté et d'énergie.

« Il a plu à l'auteur de m'accuser d'enlever quelque
» chose au gouvernement, à la gloire de la Providence
» divine, qui, selon lui, fait tout immédiatement et tend
» à sa fin dernière par les petits moyens. Mais j'ai eu
» raison de dire qu'une telle opinion, surtout en ce qui
» concerne les actions des agents libres et les mau-
» vaises intentions morales, est bien plus difficile à
» accorder avec la Providence, si, par exemple, la né-
» cessité de tels effets produits par les diverses causes
» intermédiaires ou secondes est ainsi attribuée abso-
» lument à l'immuable volonté et au gouvernement de
» Dieu, ce qui résulterait certainement et sans aucun
» doute d'une telle supposition (1). La théologie serait
» bien plutôt attaquée par cette proposition, que les âmes
» des brutes et des hommes sont impérissables et même
» toutes les monades, et par conséquent tous les corps
» inséparables des âmes (2). »

Stahl précise davantage encore ses accusations et

_____

(1) *Negot. otios.*, p. 123, 124.
(2) *Ibid.*, préf., p. IV, V.

signale les plus graves erreurs de l'harmonie préétablie : « Quant à la faiblesse de ma preuve de l'existence
» de Dieu, dit-il, n'est-elle pas meilleure que cette relation
» lation des choses à la cause première dans l'har-
» monie préétablie qui n'est guère; sauf ce point, que
» l'hypothèse d'Épicure, d'où résultent et ont résulté
» de tout temps ces deux erreurs de l'esprit humain :
» 1° que le monde est éternel ; 2° que Dieu, les choses
» une fois ordonnées par son fait ou par hasard, ne
» veille plus sur le monde et ne s'en occupe plus ? Cette
» harmonie préétablie qui remplace les lois de la na-
» ture, ne peut être préétablie, car elle n'a pas de com-
» mencement, comme elle ne doit pas avoir de fin.
» Comment donc, à travers ce dédale, l'âme pourra-
» t-elle connaître l'action de la cause première (1) ? »

Bien que Stahl ne connaisse le système de Leibnitz
que par ce que Leibnitz en a exposé au commencement
de ses *Remarques*, et qu'il s'inquiète beaucoup moins
d'attaquer la doctrine d'autrui que de défendre la
sienne, il a cependant assez de perspicacité pour découvrir la profonde similitude du système de Leibnitz
avec le sien, malgré leur contradiction apparente, sauf
ce point, que l'âme, toute puissante qu'elle est dans
l'hypothèse leibnifienne, n'agit pas sur le corps, et pour
faire voir l'inconséquence de cette énergie et de cette
impuissance.

Leibnitz, dit-il, proclame l'existence d'un principe
moteur immatériel, l'entéléchie, et même il répand ses

----

(1) *Negot. otios.*, p. 145.

entéléchies par toute la matière. Puis, au lieu d'admettre que ce principe du mouvement meut, il suppose, pour expliquer les faits, une conspiration générale de toutes les choses isolées : « Quand même tout le » monde comprendrait cela, je dirais, *moi*, *je n'y vois* » *goutte* (1)... De plus, que cette proposition (le prin- » cipe moteur est quelque chose d'incorporel) puisse » être la principale raison de douter que l'âme hu- » maine soit capable de mouvoir le corps humain, je » dirai, quand bien même tous les autres le compren- » draient : moi, je ne le comprends pas (2). »

Leibnitz, qui prétend pour réfuter la doctrine de Stahl que l'âme, étant incorporelle, ne peut mouvoir le corps, n'a-t-il pas proclamé dans son propre système que tout corps est naturellement doué, non-seulement du mouvement, mais d'un principe moteur, que ces causes du mouvement, « les monades en nombre » infini, sont des êtres incorporels, habitant dans le » corps, unis à lui indissolublement et accomplissant » sur le corps cet acte que nous appelons mouvement, » par lequel ces corps deviennent organes pour accom- » plir d'innombrables effets. En tout cela et surtout » dans cette dernière déclaration, que la cause effi- » ciente du mouvement est un être incorporel, exer- » çant cependant son effet, le mouvement, sur le corps » et agissant par lui, si quelqu'un peut voir quelque » chose de contraire à ma pensée où j'affirme que la

(1) *Negot. otios.*, p. 34, 35.
(2) *Ibid.*, p. 35, 36.

» cause du mouvement doit être quelque chose d'in-
» corporel et peut cependant imprimer le mouvement
» au corps, par ce mouvement l'agiter, et par ce corps
» affecter diversement les autres, je me rends à lui et
» j'accorde que tout le procès est jugé contre moi.
» Mais on ne peut trouver cette différence, surtout cette
» contrariété d'opinions sur la cause du mouvement
» nécessairement incorporelle; il y a au contraire un
» plein et parfait accord (1). »

Stahl fait encore preuve de clairvoyance et de discernement quand il met à découvert la contradiction de
l'Harmonie préétablie avec les principes de la Monadologie. Il n'a servi de rien à Leibnitz de donner à l'âme
l'énergie, puisqu'il lui en interdit aussitôt le plus légitime usage : « Il est inutile de dire : le principe qui
» meut le corps est incorporel, c'est une entéléchie
» inétendue, une substance simple et active par soi,
» une monade... et pourquoi cela? Parce que autrement
» le corps sauterait à une hauteur quelconque! Ro-
» cher de Sisyphe! Palinodie d'une confession labo-
» rieuse (2)! »

Leibnitz en effet, tout en niant que l'âme agisse
réellement sur le corps, n'en regarde pas moins l'âme
comme la raison de la vie, comme le principe idéal par
la présence sinon par l'action duquel le corps est formé
et conservé. Il accepte donc de la doctrine de Stahl ce
qu'il y a de plus hypothétique et de plus faux, et il en

(1) *Negot. otios.*, p. 132, 133, 134.
(2) *Ibid.*, p. 200.

rejette ce qu'elle renferme de plus solide et de plus vrai.

« Il est très-vrai, dit Leibnitz, que l'âme, disposée
» pour cet usage par la préformation divine, agit par
» sa perception et son appétit, comme si elle seule for-
» mait le corps, en sorte qu'on pourrait lire dans l'âme
» tout ce qui se fait dans la formation du corps, s'il
» était possible de voir en elle assez profondément (1). »

« A cette question : Que peut-on attribuer à l'âme
» de l'administration des actions vitales organiques?
» Je répondrai, d'après mon système de l'harmonie
» préétablie : Tout, si le corps est d'accord avec l'âme;
» rien, si celle-ci lui commande quelque chose à quoi
» il répugne (2). »

Si Leibnitz accorde à Stahl le principe le plus hypothétique de sa doctrine, l'animisme, c'est-à-dire la confusion et l'identification des phénomènes vitaux et des
actes intellectuels rapportés à un même principe, l'âme
raisonnable, s'il lui refuse au contraire les plus solides
et les plus vrais, le vitalisme et l'action efficace de
l'âme sur le corps, pour opposer à l'un le mécanisme,
à l'autre l'harmonie préétablie, quels que soient d'ailleurs les points particuliers sur lesquels il puisse convaincre la doctrine d'exagération, d'erreur ou d'hypothèse, on pourra dire que Stahl a généralement
raison contre Leibnitz; qu'au lieu d'être convaincu lui-
même de matérialisme, il a prouvé que l'harmonie

(1) *Negot. otios.*, p. 7.
(2) *Ibid.*, p. 18.

préétablie est une conception arbitraire et inconsé-
quente, et que Leibnitz, lui aussi, fait de l'âme le principe, mais le principe seulement idéal de la vie organique.

. Le jugement de Leibnitz ne saurait être celui de
la justice et de la postérité, parce que ni l'une ni l'autre
ne peuvent se placer comme lui au point de vue de
l'Harmonie préétablie. Ce que Leibnitz a accepté de la
doctrine de Stahl, l'âme principe métaphysique ou réel
de la vie, la science le condamne ou le suspecte dans
Leibnitz et dans Stahl ; ce qu'il a rejeté au contraire
dans cette polémique malheureuse pour lui, le vitalisme
et l'efficacité de l'action de l'âme sur le corps, la science
l'accepte aujourd'hui comme une double vérité et reconnaît que ç'a été la vraie gloire de Stahl de l'avoir
établie ou défendue.

Maintenant, que sur certains points Leibnitz triomphe,
cela est incontestable ; mais ce n'est guère que sur des
questions de détail. S'il reproche à Stahl d'avoir trop
méprisé l'anatomie, la chimie, la physique, ou plutôt
l'application de ces sciences à la médecine, rien de plus
juste, on y applaudira. S'il se raille de sa thérapeutique innocente, disant qu'elle est, comme parlent les
Français, une médecine *milon milaine*, on sourira (1).
On rira même, s'il dit que l'âme d'un pourceau qui
conserve le corps de l'animal y joue le rôle du sel (2).

(1) Leibnitz, édit. Dutens, t. II, p. 73, *Epist.* 3, *ad Schelham-*
merum.

(2) *Negot. otios.*, p. 11.

On trouvera que Leibnitz plaisante plus légèrement que Stahl qui, voulant être malin à son tour, répond longuement et lourdement : « C'est le sel au contraire qui » joue le rôle de l'âme et non l'âme celui du sel. C'est » Van Helmont le jeune qui disait que, quand les cor- » royeurs préparent le cuir du bœuf avec l'écorce du » pin, ou quand on conserve la viande dans la sau- » mure ou par la fumée, cette opération physique in- » troduit une vie nouvelle à la place de l'ancienne. » Comme la Westphalie est de toutes les contrées la » plus productive en conserves de ce genre, c'est d'elle » qu'a dû venir naturellement cette plaisanterie (1). »

Enfin, tout en reconnaissant que Stahl n'est pas un philosophe, que sa doctrine n'est pas et ne veut pas être un système philosophique, qu'il est difficile d'improviser pour soi ou pour les autres des solutions aux problèmes les plus difficiles de la théodicée ou de la métaphysique, dans l'espace des dix ou douze jours qui ont suffi à la rédaction des *Réponses*, nous confesserons volontiers que ses opinions philosophiques sont le plus souvent loin d'être claires et acceptables.

Ces réserves nécessaires une fois faites, on peut dire cependant que Stahl a justifié, non pas le titre tout entier du *Negotium otiosum*, car cette discussion est pleine d'intérêt malgré ses longueurs et ses répétitions, mais au moins la seconde partie de ce titre (2) : il a vérita-

---

(1) *Negot. otios.*, p. 151, 152.

(2) Σκιαμαχία *a viro celeberrimo intentata, sed armis conversis enervata.*

blement *énervé* les objections et les accusations principales de Leibnitz, plutôt qu'il ne les a réfutées. On
réfute au nom de la vérité, et l'animisme est une
erreur, tout au moins une hypothèse. Il suffit pour
énerver les arguments de son adversaire de montrer
qu'ils s'appuient sur un faux système; or c'est une
erreur manifeste que l'Harmonie préétablie. Voilà pourquoi Stahl a raison contre Leibnitz, mais non pas raison
absolument.

Si, pendant tout le cours de cette discussion, Stahl
n'a jamais varié dans sa doctrine, s'il n'a rien cédé de
son système aux exigences de son adversaire, il s'y est
attaché aussi fermement pendant le reste de sa vie.
Longtemps après la mort de Leibnitz et près de mourir
lui-même, dans l'*Ars sanandi*, ouvrage de sa dernière
vieillesse, il tient le même langage; il professe toujours
et la même croyance à la spiritualité de l'âme, principe du mouvement et de la pensée, et le même mé-
pris pour l'harmonie préétablie et sa polémique d'autrefois.

« Il est presque inutile et certainement presque ridi-
» cule de rappeler comment un homme qui n'est plus,
» de la part de qui je n'aurais soupçonné rien de tel, a
» voulu révoquer en doute cette assertion (que l'âme
» immatérielle meut le corps). Il niait donc que l'âme
» humaine pût produire le mouvement dans le corps
» parce qu'elle est un être incorporel, conspirant ainsi
» par ce raisonnement avec le chœur commun des
» spéculateurs. Cependant il établit lui-même et pro-
» clame spontanément que le principe actif de tout

» mouvement est un être absolument incorporel. Ce
» qui est d'autant plus étonnant qu'à tous les corpus-
» cules de cet univers en nombre infini, comme à cha-
» cun en particulier (bien qu'il n'y en ait pas de tels
» isolés), il ajoute un semblable moteur incorporel,
» qu'il appelle monade, être actif, numériquement un,
» qui exerce l'acte du mouvement sur ces corpuscules
» dont aucun cependant n'est un par le nombre... Ce
» n'est pas sans un suprême dégoût que j'ai perdu mes
» paroles à ces subtilités dans une dissertation intitulée
Sciamachia (1). »

(1) *Ars sanandi*, p. 247.

CHAPITRE IX.

CRITIQUE DE L'ANIMISME.

Distinction du vitalisme et de l'animisme. Vérité du vitalisme. Distinction de l'animisme particulier de Stahl et du principe essentiel de l'animisme. Fausseté de l'animisme de Stahl. L'animisme contemporain ; ses arguments, leur insuffisance ; sa valeur purement hypothétique, son invraisemblance. Le vitalisme de Stahl à Montpellier et à Paris.

Si nous avons insisté, avec trop de détails peut-être, sur cette polémique de Leibnitz et de Stahl, ce n'est pas seulement parce qu'il y a un intérêt historique manifeste à voir ainsi aux prises l'un avec l'autre deux grands esprits, auteurs d'hypothèses également célèbres, quoique inégalement connues ; c'est encore parce que cette polémique est renfermée dans le plus ignoré de tous les écrits de Leibnitz et de Stahl ; c'est enfin parce que dans cette discussion, toute philosophique cependant, s'agite et se décide le sort de la théorie de Stahl.

En effet, si cette âme, ou, moins généralement, si ce principe de la vie est corporel, s'il n'est qu'un organe plus ou moins délicat, ou un fluide, ou quelque gaz qui, semblable aux esprits animaux du XVIIe siècle, circule dans le corps, adieu le vitalisme. Tous les phéno-

mènes physiologiques s'accomplissent désormais mécaniquement, comme le faisait remarquer Leibnitz; le
corps organisé n'est plus qu'une machine un peu plus
belle que les autres; la vie n'est plus qu'un résultat
plus savant des lois qui gouvernent la matière brute.

Si l'âme de Stahl est corporelle, Stahl n'est pas seulement tombé dans le plus grossier matérialisme, celui
qui attribue au même principe l'étendue et la pensée,
qui lui rapporte les fonctions organiques et les opérations de l'esprit; ce n'est pas seulement une grave erreur philosophique dans un système physiologique qui
pourrait encore subsister, mais l'animisme n'a plus de
sens, c'est une perpétuelle contradiction, une absurdité
perpétuelle. Pour que l'animisme soit, même une hypothèse, même une erreur, il faut que l'âme soit immatérielle; l'âme corporelle, l'animisme tombe de toutes
pièces. L'animisme est fondé sur la distinction, sur
l'opposition essentielle de l'âme et du corps; l'âme y
est active, puissante, le corps impuissant et patient;
l'âme y gouverne avec raison et sagesse le corps aveugle;
le corps y obéit sans savoir ce qu'il fait. Confondez ces
deux natures, la théorie de Stahl devient un chaos in-
compréhensible; la matière y est à la fois intelligente
et énergique sous le nom d'âme, aveugle et passive sous
le nom de corps; le vitalisme y devient mécanisme et
c'est la matière qui s'organise elle-même; le corps vivant n'est plus qu'un monde sans Dieu et cependant
gouverné par une Providence. Le spiritualisme est la
véritable clef de voûte de toute la doctrine de Stahl;
touchez-y, le système s'écroule; ce n'est plus une

théorie au moins ingénieuse, c'est un monceau de ruines incohérentes.

Tout en reconnaissant que cette doctrine est essentiellement spiritualiste, on ne saurait prétendre que le spiritualisme ait toute la grandeur et toute la vérité du spiritualisme platonicien ou cartésien. Nous dirions volontiers avec M. Lasègue que ce n'est pas là le spiritualisme véritable, mais pour d'autres raisons que lui. Ce n'est pas que cette âme spirituelle soit créée pour le corps qu'elle se construit, c'est le corps au contraire, nous l'avons montré surabondamment, qui est fait par elle. Mais ce corps que Stahl place toujours sans doute bien au-dessous de l'âme, n'a-t-il pas encore trop d'importance, ne doit-il pas ainsi nous être trop cher, du moment qu'il est notre ouvrage et que nous avons le soin de le conserver? Ce devoir enfin, qui *incombe à notre âme,* ne suffit-il pas à lui seul pour occuper tous ses loisirs, bien qu'il ne doive être dans les desseins du Créateur que l'instrument de l'âme et l'*officine* de ses pensées et de ses actions particulières?

Il est un autre aspect sous lequel au contraire le spiritualisme de Stahl se relève à nos yeux et acquiert une importance et une vérité toutes nouvelles. Stahl a fait descendre le spiritualisme dans la médecine, au profit et à l'honneur de la médecine et de la philosophie elle-même. Lorsqu'on est forcé de reconnaître dans la matière organisée, vivante, autre chose que la simple matière, la vie qui n'est cependant ni un organe, ni une disposition de molécules, mais quelque chose, je ne sais quoi, force, principe, ou de quelque nom qu'on l'appelle, incorporel, inétendu, sinon spirituel et intelligent, n'est-on pas contraint de distinguer aussi des phénomènes supérieurs à la vie, comme la vie est supérieure à la simple existence de la matière inorganique, et d'en chercher le principe dans une substance immatérielle, l'âme ou l'esprit?

C'est en ce sens que Stahl est surtout vraiment et utilement spiritualiste, et c'est aussi en ce sens qu'il a eu et qu'il aura parmi les philosophes de nombreux disciples.

Nous avons distingué deux parties dans la doctrine de Stahl : le vitalisme et l'animisme proprement dit. Si l'animisme est inséparable du vitalisme, on peut isoler celui-ci de celui-là. On peut rejeter l'animisme comme une conclusion arbitraire du stahlianisme sans condamner pour cela la doctrine tout entière. On peut professer le vitalisme sans accepter l'animisme; c'est ce qu'ont fait et font encore aujourd'hui, souvent sans le savoir, tous les physiologistes qui ne pensent pas que la vie soit le résultat d'une mécanique ou d'une chimie plus savante, et ne croient pas davantage que ce soit l'âme qui dirige la digestion et l'hématose. On peut même faire deux parts dans l'animisme de Stahl et y distinguer un certain fond qui constitue l'essence de l'animisme, de celui d'Aristote aussi bien que de celui de Stahl, et les additions à ce fond commun et essentiel, qu'on aurait encore le droit de repousser, quand bien même on admettrait les propositions fondamentales de l'animisme. C'est ce que font à des degrés divers plusieurs psychologues et physiologistes

qui signeraient comme une profession de leur foi cette
sentence de Stahl : « C'est l'âme qui digère par l'estomac, respire par les poumons, construit et conserve le
corps qu'elle habite; » mais qui s'inscriraient en faux
contre cette autre : « L'âme a la connaissance, non pas
raisonnée, mais instinctive, des moindres parties de son
corps. »

Non-seulement on peut faire cette double distinction
entre le vitalisme et l'animisme, entre le fond même
et les détails de celui-ci dans la doctrine de Stahl;
non-seulement on peut souscrire au principe du vitalisme et rejeter une bonne partie de l'animisme, mais
la raison exige qu'on le fasse.

Les progrès récents et les expériences concluantes
de la physiologie et de la chimie permettent d'affirmer,
malgré les audaces de certaines genèses contemporaines,
que la vie est un phénomène spécial qui ne se confond
ni par sa nature ni par son origine avec aucun de ceux
qui s'accomplissent dans la matière brute et peuvent
sortir de ses transformations. Les progrès de la psychologie autorisent également à dire que si l'âme qui
pense n'a pas besoin du raisonnement pour savoir
qu'elle est unie à un corps, parce qu'elle le sent à tout
moment dans ses douleurs et dans ses jouissances, du
moins elle en ignore profondément la structure intime
et les fonctions diverses.

Il est plus malaisé de se prononcer sur le fond même
de l'animisme, ancien ou moderne, de Stahl ou de tout
autre. Il est plus difficile encore, quand on n'est pas
persuadé de la vérité de l'animisme, quand on le soup-

çonne de n'être qu'une hypothèse erronée, même quand
on est à tort ou à raison convaincu de sa fausseté, de
se faire une opinion dogmatique, de proposer une autre
théorie bien précise et bien démontrée à la place de
celle qu'on repousse, et d'expliquer à son tour qu'elle
est l'origine et la cause du phénomène de la vie. Mieux
vaut cependant confesser son ignorance que de s'exposer de gaieté de cœur à produire une erreur de plus, ou
que d'accepter quelqu'une des hypothèses au moins
suspectes qu'a vues naître le passé, faute d'être capable
de les remplacer par la vérité dans sa lumière. Les partisans de l'animisme auraient tort de triompher de cette
impuissance et de cet aveu; on retarde souvent les progrès de la science pour vouloir à tout prix les devancer. Or, c'est bien certainement vouloir les devancer
que de prétendre savoir quel est le principe de la vie
et que ce principe est l'âme pensante; car, non-seulement on ne le prouve pas, mais la meilleure et peut-être
la seule preuve qu'on en pourrait donner implique contradiction. Ce que l'on sait sûrement de l'âme, c'est ce
que l'on en sait directement, ce que nous en apprend
la conscience; or, ni Stahl lui-même, ni les animistes
de nos jours, un seul excepté (1), ne prétendent que
l'âme gouverne avec conscience les fonctions vitales;
ils affirment, au contraire, chacun dans son langage,
qu'elle dirige la machine instinctivement, dans une
ignorance profonde de son pouvoir, de son action et de

(1) Voy. *Du principe vital et de l'âme pensante*, par M. Bouillier,
ch. XXIII.

ses meilleurs effets. Comment donc saurions-nous que
l'âme est le principe de la vie en même temps que de
la pensée, qu'elle digère par l'estomac, comme elle raisonne et comme elle veut, si elle a la conscience de ses
opérations intellectuelles et n'a point celle de ses fonctions vitales? Il faut que ce soit l'induction qui nous
l'apprenne.

Un jour peut-être, dans l'avenir lointain des sciences
philosophiques, l'induction dont il est difficile de limi-
ter le pouvoir, apprendra à nos descendants ce qu'il en
est de cette puissance dont l'âme ne se doute même
pas et que lui attribue l'animisme (1). Voilà ce que l'on
peut espérer de plus favorable à cette doctrine; mais
ceux-là mêmes qui comptent le plus sur les découvertes
futures de la science de l'âme et ont le plus ferme espoir
que l'âme possède des pouvoirs inconnus qu'elle cache
avec jalousie à ses plus patients observateurs et à elle-
même, reconnaissent aussi que le temps de ces révélations n'est pas arrivé.

Ce rôle de principe de la vie que la conscience n'autorise pas à attribuer à l'âme, l'induction permet-elle
de le lui conférer, je ne dis pas avec certitude, mais
avec vraisemblance? Ni les arguments fournis par Stahl
lui-même, ni ceux qu'y ajoutent les animistes d'aujour-
d'hui, ne sauraient faire de l'animisme autre chose
qu'une hypothèse pleine d'incertitudes, de difficultés,
peut-être de dangers pour le reste de la doctrine de ses
défenseurs.

(1) Voy. *Des facultés inconnues de l'âme*, par M. de Rémusat, dans
le *Compte rendu des séances de l'Académie des sciences morales.*

Les faits sur lesquels s'appuie Stahl pour identifier l'âme et le principe de la vie n'ont pas la valeur qu'il leur attribue, faute de les avoir assez exactement observés. L'animisme ne peut être que la conclusion d'une étude patiente et minutieuse de l'âme et de ses phénomènes; il fallait que Stahl se fît psychologue, il est resté presque exclusivement physiologiste.

Il en appelle aux mouvements volontaires et instinctifs de la locomotion pour prouver que l'âme tient sous sa dépendance tous les organes et toutes les fonctions de la vie corporelle. Il n'avait pas remarqué cette importante distinction que la science moderne a mise en relief entre la vie de nutrition et la vie de relation, entre les organes de l'une et ceux de l'autre, et qui suffit pour arrêter aujourd'hui le physiologiste le plus novice et rendre prudent le psychologue tenté d'adhérer sans réserve à l'animisme. N'y eût-il aucune distinction à établir entre les organes de la vie nutritive et les autres, serait-ce une raison suffisante, parce que l'âme agit sur les organes de la locomotion, pour qu'elle présidât seule et toujours aux fonctions des autres organes, quand elle connaît sa puissance sur ceux-là et ne se reconnaît pas sur ceux-ci le même pouvoir ?

Ces mouvements des organes locomoteurs, Stahl n'a pas observé non plus que l'âme ne les dirige avec tant de précision, même quand elle agit volontairement, que parce que l'exercice lui a appris à le faire. Au commencement, ces mouvements sont irréguliers et sans but, ce qui n'arrive pas aux fonctions de la vie nutritive, toujours régulières et ordonnées dès le principe, de sorte que les fonctions de la vie devraient offrir tout d'abord le même désordre que les mouvements des organes locomoteurs, ou ceux-ci la même régularité que ceux-là, s'ils avaient tous deux une même cause.

Stahl en appelle encore à l'influence des passions. Il est incontestable que les passions de l'âme et même les simples pensées de l'esprit exercent en certains cas sur les organes une grande influence et modifient profondément les fonctions vitales. Mais s'ensuit-il que le cours normal et ordinaire de la vie soit toujours régi par l'âme que n'agite aucune passion violente? De ce que la colère accélère les battements du cœur, en doit-on conclure que c'est l'âme seule qui le fait battre? On admet aisément que tous les états de notre âme se réfléchissent en quelque manière dans les états de notre corps, mais la réciproque est aussi vraie. Si Stahl veut voir dans cette influence des passions sur les états de notre corps la preuve d'une action directe et universelle de l'âme sur les fonctions vitales, comme l'influence des affections du corps sur les passions et sur les pensées n'est pas moindre, on en conclurait légitimement que c'est le corps qui pense et qui digère. C'est la thèse et le meilleur argument du matérialisme.

Les dernières conséquences de l'animisme sont une excellente réfutation du matérialisme, mais le matérialisme à son tour est la meilleure réfutation de l'animisme. Les doctrines extrêmes et opposées s'entre-détruisent toujours au profit de la vérité intermédiaire; les faux systèmes sont comme les guerriers sortis des dents du dragon de Cadmus, qui s'entre-tuaient et fécondaient la terre de leur sang; ainsi les hypothèses contraires, en se détruisant mutuellement, couvrent le champ de la vérité de ruines fécondes pour l'avenir.

L'objection la plus naturelle et la plus forte qui s'oppose d'elle-même à l'animisme dans tous les esprits, c'est que l'âme n'a ni conscience ni souvenir de ce gouvernement qu'elle exercerait sur les fonctions vitales. Toute l'argumentation de Stahl, qui en sentait bien la force, repose sur la différence du λόγος et du λογισμός. Mais sa description du λόγος, à la fois instinct et raison, est tellement confuse, qu'elle est l'origine de ces pensées contradictoires qui font osciller l'esprit de Stahl du rationalisme vers le sensualisme et de celui-ci à celui-là, sans qu'il puisse s'asseoir dans une doctrine constante. C'est aussi sur ce point capital que les animistes contemporains ont dû porter le plus grand effort de leur argumentation; mais, comme aucun n'attribue à l'intelligence la vie et les fonctions vitales, tout en les attribuant à la même âme qui remplit d'autres fonctions avec intelligence, aucun ne s'accommode soit du λόγος de Stahl, soit de cette preuve qui paraît au maître sans réplique : « que tous les phénomènes vitaux sont conduits avec trop de mesure et de prudence pour avoir un autre principe que l'âme elle-même. »

Est-il démontré, comme le veut Stahl, que l'âme soit le principe de la vie, parce que « la plupart des parties du corps n'existent manifestement qu'en vue de l'âme? » De ce que je suis bien dans mon logis, de ce que ma maison est bâtie tout exprès pour moi, y a-t-il lieu de conclure que j'en sois moi-même l'architecte?

Qui sera convaincu que l'âme seule peut imprimer au corps le mouvement essentiel à toutes les fonctions vitales, parce que « le mouvement, chose incorporelle, ne peut avoir qu'un principe incorporel comme lui? »

En supposant que l'animisme réduit à ses moindres proportions et à ses propositions essentielles fût le vrai, les faits et les arguments que Stahl a développés avec tant de conviction et d'ardeur sont loin de suffire à en prouver la vérité. Les animistes d'aujourd'hui, plus modérés dans leurs conclusions et plus sévères dans l'observation des faits aussi bien que dans le choix des preuves, en ont-ils ajouté beaucoup et de décisives? Je crains qu'ils n'aient rendu l'animisme plus fort en en écartant seulement les excès et les arguments compromettants. Si je consulte les principaux organes de l'animisme contemporain, je trouve, qu'à part les spéculations générales et les témoignages demandés à l'histoire, leur argumentation la plus serrée, celle qu'ils estiment victorieuse, peut se réduire à deux points principaux sur lesquels ils sont loin d'être d'accord.

Il y a deux sortes de preuves qu'ils invoquent avec une confiance particulière : les unes « indirectes, tirées des perceptions insensibles, c'est-à-dire de ces phénomènes de l'âme qui, quoique très-réels, ne laissent pas de trace dans la conscience (1); » les autres « directes,

_____

(1) Voy. *Du principe vital et de l'âme pensante*, par M. Bouillier, p. 345 et 347.

puisées dans le témoignage même de la conscience.» Sur les premières, tous s'accordent et rivalisent d'habileté dans l'exposition des faits et le développement des conséquences ; mais l'accord cesse sur les secondes : tel invoque comme décisif le témoignage de la conscience (1); tel autre qui l'invoquerait bien volontiers, reconnaît qu'en cette affaire l'oracle de la conscience est muet (2). Malgré la hâte qu'un psychologue doit éprouver d'arriver à ces preuves décisives du témoignage de la conscience, qui, produites tout d'abord, rendraient les autres inutiles, il faut d'autant moins mépriser les preuves indirectes que le plus grand nombre des animistes avouent n'en avoir pas d'autres à produire.

Stahl avait distingué, tant bien que mal, le λόγος et le λογισμὸς ; ses héritiers distinguent ce que les philosophes appellent l'âme et le moi. L'âme, disent-ils, c'est une cause, une force dont le propre est d'agir, avec ou sans conscience de ses actes; le moi, c'est l'âme agissant avec la conscience de son action : la conscience est inséparable du moi, non de l'âme. Quelques psychologues n'ont pas fait cette distinction, M. Jouffroy par exemple : mais, selon les animistes, il faut la faire. Il s'ensuit, toujours au dire de ceux-ci, qu'il y a dans l'âme une foule de perceptions insensibles dont elle ne s'aperçoit pas. Or, « s'il y a tant de choses dans l'âme, dont l'âme ne s'aperçoit pas, comment affirmer que les phénomènes de la vie ne soient pas de ce nom-

(1) M. Bouillier, *Du principe vital et de l'âme pensante.*
(2) M. Tissot, *La vie dans l'homme.*

bre, même alors qu'il serait vrai qu'on n'en découvrirait aucune trace dans la conscience (1). »

Quoi qu'il en soit de ces perceptions insensibles, il ne semble pas d'abord que cette induction, fût-elle légitime, soit rigoureuse et prouve autre chose que la possibilité de l'animisme. De ce qu'on ne pourrait pas affirmer que les phénomènes vitaux ne sont pas des perceptions insensibles, s'ensuivrait-il nécessairement qu'il fallût affirmer le contraire ? Ensuite, sous ces mots de « perceptions insensibles » il y a une équivoque qu'il est important de signaler et de lever.

Veut-on dire qu'il y a des perceptions de l'âme absolument insensibles et tout à fait inaperçues, ou seulement des perceptions à peine sensibles et presque inaperçues ? Si elles sont tout à fait inaperçues, personne, fût-il Leibnitz, n'en peut affirmer l'existence. Si elles échappent à la conscience, elles échappent également au souvenir. Vous avez beau distinguer la mémoire de la conscience (2), on n'a conscience que de soi, on ne se souvient aussi que de soi, car on ne se souvient que de ce dont on a eu conscience. On ne se souvient pas, objectez-vous, de tout ce qu'on a su ; mais on se souvient bien moins encore de ce qu'on n'a jamais su.

S'agit-il de perceptions à peine sensibles, dont nous avons une conscience obscure, c'est alors tout autre chose. Ceci est parfaitement observé et parfaitement dit : « Entre les deux degrés extrêmes de la conscience

(1) *Du principe vital.* p. 357.
(2) *Ibid.*, p. 349.

réfléchie et l'inconscience absolue, il y a une multitude
de nuances diverses et de degrés intermédiaires. L'être
organisé le plus infime, du moment qu'il souffre et
qu'il jouit, n'est-il pas doué d'une sorte de conscience
plus ou moins confuse? A mesure qu'on monte dans
l'échelle des êtres, tout indique que la conscience devient plus noble et plus vive. Combien, en chacun de
nous, ne varie-t-elle pas suivant l'âge, suivant les divers
états de notre esprit, depuis la réflexion la plus profonde jusqu'à la plus vague rêverie, jusqu'au mode
confus et impersonnel de cette existence animale, si
bien décrite par Maine de Biran, jusqu'aux confins in-
décis entre la veille et le sommeil? Quoi de plus faible
que la première lueur de la conscience, si ce n'est la
dernière? Comment dans cette zone si vaste et si incertaine, qui s'étend entre la pleine conscience et l'inconscience absolue, dans cette région du demi-jour et des
demi-ténèbres, tracer une ligne assurée de démarca-
tion entre la lumière et l'obscurité absolue? C'est par
des gradations et des dégradations insensibles, c'est en
quelque sorte par des infiniment petits que la conscience commence et que la conscience finit (1). »

J'adhère de toutes mes forces à cette doctrine, et
j'invoque aussi le résumé si clair et si précis qu'en fait
M. de Rémusat : «L'observation directe pourrait prouver que la conscience, comme élément de tout acte
mental, est une qualité intensive très-variable qui peut
tomber au-dessous de toute valeur appréciable, et par

(1) *Du principe vital*, p. 345.

conséquent être comme si elle n'était pas... C'est une loi du monde de l'expérience externe que les faits qui s'y passent peuvent, sans périr absolument, s'atténuer à ce point que pour nous la valeur en soit comme nulle. Tout minimum est sensiblement égal à zéro. N'en pourrait-il pas être de même dans le monde de l'expérience interne (1)? »

Ce serait s'engager dans une discussion assez longue et qui n'est pas absolument nécessaire, que d'examiner quelle différence il y a lieu d'établir entre l'âme et le moi. Cette doctrine sur le nombre infini des degrés de la conscience nous en dispense ; il suffira de faire remarquer que l'âme distincte du moi, l'âme sans conscience, pourrait bien être, non pas ce zéro, terme impossible de l'infiniment petit, mais ce minimum de conscience, égal à zéro pour l'estimation sans rigueur des choses de la vie, aussi différent de zéro pour la raison et la science qu'une portion minime d'une ligne droite est différente du point pour un géomètre. Or, il n'y aurait rien là d'inconciliable avec l'opinion de ceux qui croient, sans donner dans l'excès où est tombé M. Jouffroy, que l'âme, capable qu'elle est de se connaître, a toujours de ce qu'elle fait une conscience plus ou moins obscure, plus ou moins éloignée de zéro, sans jamais l'atteindre et y mourir. Cette conscience graduée semble au contraire devoir s'accorder assez mal avec la distinction, seule favorable à l'animisme,

_____

(1) Voy. *Revue des deux mondes*, article sur Hamilton, 1er mars 1860.

du moi n'agissant qu'avec conscience et de l'âme qui peut ignorer tout ce qu'elle fait.

Quelle raison les psychologues ont-ils de supposer que l'hématose, la construction et le développement du fœtus sont au nombre de ces perceptions insensibles, c'est-à-dire à peine sensibles? Y a-t-il quelque analogie de nature entre les exemples que l'on cite le plus volontiers de ces sortes de faits et les fonctions vitales? Les circonstances qui accompagnent les uns et les autres, les caractères qu'ils présentent sont-ils semblables en quelques points? De la comparaison des fonctions vitales avec les faits que, depuis Leibnitz, on propose comme des exemples de perceptions insensibles, il faudrait bien plutôt conclure que, si les fonctions de la vie étaient des actes de notre âme, notre âme devrait en avoir et le sentiment le plus vif et la conscience la plus claire. Quand est-ce, en effet, que la conscience se voile ainsi de ténèbres et descend vers le zéro fatal et idéal qui seul en marquerait l'éclipse momentanée, mais totale? Dans quelles circonstances a lieu cet obscurcissement? N'est-ce pas lorsque l'activité de l'âme s'affaiblit ou divague et perd ainsi sa force en la disséminant, que la conscience s'obscurcit dans la même proportion? On cite en exemple la distraction, la rêverie, le sommeil, la léthargie, la syncope, tous états où l'âme semble bien n'avoir de ce qu'elle fait une conscience voilée que parce qu'elle ne fait pas grand'chose. C'est, en effet, parce que ses pensées n'ont elles-mêmes qu'un objet confus et ses actes qu'un but indéterminé, qu'elle n'a de ses actes et de ses pensées qu'un sentiment vague et affaibli. Tels ne sont pas précisément les phénomènes vitaux ; la digestion, l'hématose, la formation et la croissance du germe ne sont pas des actes sans but précis, auxquels puisse suffire une cause paresseuse, agissant lâchement et sans effort ; ce sont, au contraire, des fonctions dont le but est aussi déterminé que la cause en est énergique. Si l'âme était cette cause, ce n'est pas une conscience obscure et douteuse qu'elle devrait avoir de ces fonctions, mais la conscience la plus lumineuse et la plus persistante, car l'énergie de l'action est la mesure habituelle de la clarté de la conscience, et la cause de la vie ne cesse d'agir qu'avec la vie même.

D'ailleurs ces perceptions insensibles sont vraiment inutiles pour prouver que l'âme est le principe des phénomènes vitaux, si ces phénomènes de la vie sont des perceptions sensibles dont l'âme ait une vraie conscience. Cette conscience des fonctions vitales serait la preuve directe, attendue avec autant d'impatience qu'elle est annoncée avec confiance, et à laquelle il est temps d'arriver, car sans elle l'animisme n'a pas encore gain de cause.

Quand il s'agit de consulter la conscience pour établir un fait, c'est sa propre conscience que chacun interroge d'abord ; ce n'est que pour exciter les révélations de sa propre conscience, comme d'un témoin qui a de la peine à parler, que l'on doit consulter celle d'autrui. Je m'interroge donc ; mieux que cela, depuis plusieurs années, je me suis souvent, longuement, sérieusement, expressément observé, consulté, questionné de toutes manières, et, après cette enquête, j'affirme n'avoir aucune conscience, ni claire ni obscure, que je sois, moi, la cause des contractions péristaltiques de mes intestins, dont j'ai vu cependant les semblables et que je sais se contracter pour le travail de la digestion ; je n'ai aucune conscience d'être cause, soit de la sécrétion de l'urine dans mes reins, soit de celle de la bile dans mon foie. Cependant je ne veux pas m'en croire moi-même ; ma conscience reste muette, peut-être n'est-elle pas aveugle ; je consulte donc ceux dont la conscience voit et parle (1).

Ceux-là mêmes ne disent pas ce que personne ne peut dire : j'ai conscience que c'est moi ; mon âme, qui sécrète la bile par le foie ; mais ils disent : « Il est un sens interne de la vie qui continuellement, comme par une sorte de toucher intérieur, avertit l'âme qu'elle est unie à un corps. L'âme se sait toujours pourvue d'un corps, et non pas seulement de temps à autre, à certaines occasions, quand, par exemple, nous nous voyons par nos yeux, quand nous nous touchons avec nos mains, quand nous éprouvons un choc ou que quelque dérangement a lieu dans notre organisme. Dans l'immobilité comme dans le mouvement, dans l'exercice de la pensée comme dans celui des forces musculaires, quand nous résolvons un problème comme quand nous soulevons un fardeau, sans cesse nous

_____

(1) M. Tissot, défenseur de l'animisme aussi intelligent que zélé, reconnaît aussi que l'âme n'a pas conscience d'exercer les fonctions vitales. (Voy. *La vie dans l'homme*, p. 85.)

sommes informés, non-seulement de la présence, mais de l'état de notre corps. Cette perception de la présence actuelle du corps, avec le sentiment qui la suit, se retrouve au fond de toutes nos pensées et de tous nos sentiments; *c'est un élément essentiel du moi et de la conscience* (1). »

Je ne puis récuser ce langage (2); mais les derniers mots, où serait toute la preuve, renferment au moins une équivoque et peut-être une contradiction avec les premiers; *in cauda venenum.* Par ces mots ambigus ou leurs équivalents, l'animisme s'introduit subrepticement comme par une porte dérobée, au lieu de faire son entrée promise par la grande porte de l'évidence.

Il est vrai, nous ne découvrons pas un beau jour que nous avons un corps, comme Colomb découvrit l'Amérique; nous le sentons, nous le percevons sans cesse, sans cesse notre âme est affectée de ses états et de ses changements; ce sentiment, devenu presque indifférent par l'habitude dans le calme et dans la santé, s'avive et ne se laisse pas méconnaître dans la maladie et la violence de l'action. Voilà le fait bien observé, voilà le vrai; mais c'est une interprétation du fait gratuite et erronée, que d'en conclure que l'âme a la conscience d'être la cause des phénomènes vitaux. Et d'abord, ce n'est bien là qu'une conclusion, ce n'est pas le fait dans sa simplicité incontestable. En effet, autre chose est sentir que j'ai un corps, que l'âme que je suis

---

(1) *Du principe vital*, par M. Bouillier, p. 368.
(2) Voy. *Du principe vital*, p. 367 et note.

est unie à un corps, autre chose est sentir que c'est moi qui meus le sang, sécrète la bile dans les organes de ce corps, le répare et le construis. Le premier, c'est le fait nu comme la vérité, mais ce n'est pas l'animisme ; le second, c'est l'animisme, mais ce n'est pas le fait. L'animisme confond ici deux choses distinctes, l'une réelle, l'autre imaginaire, le sentiment, la sensation de la vie et la conscience de la vie ; il établit l'une et pense ainsi avoir établi l'autre. Il suffit de distinguer le sentiment réel de la vie, la sensation incessante des phénomènes vitaux et la conscience imaginaire de la vie, la conscience que je suis la cause de toutes les fonctions dont elle se compose, pour réduire à néant cette preuve prétendue décisive de l'animisme.

Je sens que j'ai un corps, je sens mes organes, mais, à moins de confondre l'âme et le corps, personne ne peut, s'autorisant de ce fait, dire, sans abuser des mots, que j'en ai conscience. L'âme n'a conscience que d'elle-même, de son existence, de ses états, de ses actes ; et le corps, ce n'est pas l'âme, ce n'est pas moi. Je sens mon cœur battre dans ma poitrine, je souffre de mon estomac malade ; c'est de ma sensation, c'est de ma douleur que j'ai conscience, ce n'est pas de mon cœur, de ma poitrine ni de mon estomac. Le sentiment qu'a l'âme de son corps est le sentiment de quelque chose qu'elle distingue d'elle-même. La perception continue de son organisme, la sensation douloureuse, agréable ou indifférente des fonctions qui s'accomplissent dans ses organes, distincts de l'âme et perçus comme tels, est donc fort différente de la prétendue conscience que ces fonctions accomplies dans mon corps, c'est-à-dire, selon le langage barbare mais expressif des Allemands ou de Maine de Biran, dans le *non-moi* et non en moi, sont des actes de l'âme, de moi, comme sont mes pensées.

La preuve directe qui devait tout emporter, la preuve de fait, la conscience de la vie, de l'hématose, comme acte de l'âme, n'existe pas. Au moins, si cette croyance que l'âme est le principe des fonctions vitales n'est qu'une conclusion du sentiment qu'a l'âme de son corps comme d'une chose distincte d'elle mais unie à elle, est-ce une conclusion rigoureuse? Nous retomberions alors dans les preuves indirectes, en quoi il n'y aurait que demi-mal, car, avec plus ou moins de peine, l'animisme serait établi. Mais aucune loi de la logique ne contraint à conclure du sentiment qu'a l'âme de son corps, comme d'une chose distincte d'elle-même, le gouvernement par cette âme des fonctions de ce corps. Il y en a même qui prétendent que, si, aucune conclusion n'étant nécessaire, quelque induction était légitime, ce serait bien plutôt l'induction contraire : il est plus naturel, pensent-ils, de supposer que l'âme n'est pas le principe des fonctions vitales, puisqu'elle distingue son corps d'elle-même et n'a pas conscience de sécréter la bile, comme elle a conscience de vouloir et de penser.

On a concédé à l'animisme tout ce qu'il est permis de lui concéder, on a fait acte envers lui de la justice la plus impartiale, sinon la plus indulgente, quand on a dit que cette hypothèse n'est pas absolument impossible.

Est-elle au moins probable? J'en doute, et, outre la critique des arguments proposés par les défenseurs de l'animisme, voici quelques nouveaux motifs de méfiance. Il est déjà malaisé de concevoir que l'âme exécute, avec conscience de ce qu'elle fait, les actes de la vie morale, et accomplisse au contraire dans une ignorance complète de sa puissance et de son action toutes les fonctions organiques. Mais, en supposant cette singulière répartition, n'y a t-il pas une difficulté bien plus grande encore à admettre que l'âme, capable de penser, de connaître ce qui lui est étranger, de découvrir le vrai sur la nature et qui exécute sans s'en douter dès la naissance toutes les opérations dont se compose la vie corporelle, lorsqu'elle arrive un jour à découvrir par des procédés extérieurs que l'estomac digère, que les glandes sécrètent les humeurs, etc., ne s'aperçoive pas ce jour-là que c'est elle, elle-même, elle seule qui fait toutes ces choses. Je concevrais à la rigueur qu'elle accomplit toujours ces fonctions, tout intelligente et capable de conscience qu'elle est, dans l'ignorance de son action, à la condition que cette ignorance durât toujours et que l'anatomie, la physiologie, les sciences acquises, la raison en un mot, ne lui ouvrît jamais les yeux. Mais je ne me résignerais que devant l'évidence à croire qu'elle ne puisse pas avoir conscience de ce qu'elle fait, du rôle qu'elle joue dans le corps, une fois que la raison le lui a appris. Il y a peut-être quelque hardiesse à dire, comme M. Jouffroy, que l'âme qui pense et qui se pense elle-même est incapable de faire quoi que ce soit sans en avoir conscience; mais il n'y

a que sagesse à se demander comment elle ignore avec
tant de persistance ce qu'elle fait avec tant de continuité, comment, venant à découvrir par une voie dé-
tournée ce qu'elle fait, elle est incapable de se surprendre elle-même le faisant et comme en flagrant
délit.

On en appelle, pour établir la probabilité ou la possibilité de l'animisme, à quelques actes instinctifs tels
que la succion qu'exécute l'enfant à la mamelle, dont
l'âme est à coup sûr l'auteur ignorant et involontaire.
Sans objecter que l'enfant a peut-être un peu plus de
sentiment qu'on ne veut croire de cet acte instinctif et
une conscience de cet acte comme sien assez éloignée du
minimum, une remarque paraît assez importante. Cette
action et les quelques autres de ce genre qu'on pourrait citer encore et qui constituent le léger bagage des
instincts de l'homme si richement pourvu de raison,
l'enfant, il est vrai, les accomplit d'abord sans le vouloir et sans presque le savoir, disons sans le savoir. Il
n'en sera pas toujours ainsi; ce qu'il a fait quelque
temps sans le savoir, il apprend un jour qu'il le fait, et
le fait dès lors avec conscience. Ce qu'il a fait sans le
vouloir, une fois qu'il a découvert qu'il le faisait, il veut
ensuite le faire et le fait en le voulant. Et voilà précisément pourquoi l'action de teter est rapportée à bon droit
à l'activité de l'âme comme à son principe. Il n'en est
pas de même de la nutrition, de l'hématose, etc.; jamais ces fonctions ne rentrent sous l'empire de la
conscience ni de la volonté. Voilà pourquoi elles sont
considérées, et non sans raison, comme étrangères à

l'âme. Enfant, j'ai saisi et pressé avec mes lèvres le sein de ma nourrice, j'ai aspiré, j'ai bu son lait bienfaisant sans conscience et sans volonté aussi bien que sans reconnaissance. Homme aujourd'hui, je prends l'aliment, le mâche et l'avale (les mots les plus communs sont les meilleurs pour désigner les actions les plus communes) avec conscience que je le fais, avec volonté de le faire, comme avec reconnaissance pour Celui qui me donne le pain quotidien; je fais tout cela avec distraction souvent, parfois avec trop de complaisance, mais le reste jamais. Si c'est moi qui digère, je l'ignore et l'ignorerai jusqu'à ce que la puissance de digérer me soit ravie. Si c'est moi qui fais circuler mon sang dans mes vaisseaux, fabrique et restaure la substance de mes organes, je m'acquitte bien mal d'une certaine partie de mes fonctions. Il me semble que, si c'était moi qui fusse exclusivement le modérateur et le réparateur caché de mes organes respiratoires, par exemple, ce gouvernement m'a causé trop de tribulations pour que je n'aie pas fini par en avoir conscience; et j'ai si fort la volonté de bien faire, que je réussirais mieux sans la médecine que je n'ai fait jusqu'ici avec ses remèdes.

Et la mort, je ne dis pas la mort par accident, ni même la mort par maladie, mais la mort nécessaire, la mort de Fontenelle ou de Cornaro (1), par impuissance de vivre plus longtemps, plus qu'un siècle et quelques années; quel argument contre l'animisme ! On dit, je le sais, en faisant les suppositions les plus hardies et

_____

(1) Voy. *De la longévité*, par M. Flourens.

les plus gratuites, que la maladie vient de la matière du
corps et non du principe vital, ce n'est pas de la maladie qu'il s'agit, mais de la mort et de la mort par
vieillesse. Mieux vaut vraiment la franche témérité de
Stahl qui fait de la maladie une erreur de l'âme et une
faute de son administration, mieux vaudrait conserver
avec le reste cette partie originale de l'animisme que
de ressusciter d'une façon aussi inattendue la *matière
peccante* qui n'a rien à voir dans la nécessité de la
mort. La mort n'arrive point par la vétusté de la matière; puisque la matière du corps s'écoule et se renouvelle, elle est toujours jeune, même dans le vieillard.
Ce qui s'use, c'est la puissance de vivre; comment, si
le principe de la vie c'est l'âme? « C'est peut-être, nous
dit-on, une des lois de ce principe, que de laisser dé-
cliner l'organisme, de l'abandonner enfin aux agents
extérieurs et de favoriser ainsi sa propre transformation,
son avénement à une vie nouvelle, de la même manière
que la chenille prépare, sans le savoir, la régénération
qu'elle doit subir, son entrée dans une nouvelle existence (1). » Sans faire remarquer que la chenille ne
meurt pas et que le cadavre d'un homme n'est pas une
chrysalide, mais une matière qui ne vit plus et se dé-
compose, c'est là un bien, grand peut-être et si dangereux quand il s'agit de l'âme que nous espérons immortelle, que la raison la moins ennemie des hypothèses
tant soit peu vraisemblables n'ose pas courir cette
chance avec l'animisme.

(1) *La vie dans l'homme*, par M. Tissot, p. 179.

Ne pas se sentir de goût pour l'animisme, opposer à cette hypothèse des arguments dont les plus zélés défenseurs ne méconnaîtront pas la gravité, incliner même de préférence vers le vitalisme de Montpellier ou vers celui de Paris, à la condition expresse que la vie ne soit pas confondue avec les combinaisons de la chimie ou les effets de la mécanique, ce n'est pas nier les faits incontestables de l'influence générale des états de l'âme sur les fonctions de la vie qui donnent à cette doctrine un semblant d'évidence capable de séduire la raison. Tous les physiologistes, les matérialistes eux-mêmes, Cabanis entre autres, sont obligés de reconnaître cette action de l'âme, de ses sensations, de ses passions, de ses simples pensées sur les fonctions vitales, sur la production, la conduite et l'issue des maladies. Est-il un médecin des aliénés qui puisse dire où elle s'arrête? Les faits étonnants de l'innervation, de quelque façon qu'ils se produisent, les effets matériels des visions extatiques, l'insensibilité, l'excitation des organes, les stigmates d'une Marie de Mœrl et mille particularités de l'illuminisme sont des choses incompréhensibles sans doute et qui par cela même interdisent à tout esprit sérieux et prudent de fixer une limite à l'influence de l'âme, de ses pensées et de ses actions sur les phénomènes de la vie organique et de lui dire : tu n'iras pas plus loin. Mais la singularité même et l'obscurité de ces faits interdisent bien plus strictement encore d'étendre résolûment les fonctions de l'âme jusqu'à lui faire diriger les moindres détails de la vie organique, pour donner de ces faits extraordinaires une explication qui ne les rend pas, en définitive, plus compréhensibles; et cela, en dépit du mutisme de la conscience qui ne sait rien de cette action énergique et continuelle de l'âme, en dépit de l'impuissance de la volonté à s'emparer jamais du gouvernement de ces fonctions, tandis que nous la voyons ailleurs se substituer aux instincts et agir comme eux et à leur place; enfin, quand l'animisme n'est qu'une hypothèse qui, après tous les développements de ses adeptes, ne fait que transformer les difficultés et déplacer notre ignorance.

L'animisme de Stahl a même cet avantage sur celui de ses héritiers, qu'avec un courage à toute épreuve il lève tous les voiles, ou du moins prétend le faire, et résout toutes les questions. Tandis que nos psychologues animistes marchandent encore à l'âme la connaissance infuse du corps humain, Stahl lui accorde généreusement la science innée de la pathologie et l'art naturel de la thérapeutique, tout enfin jusqu'au don funeste de se tromper dans le gouvernement de la nutrition comme dans celui de la pensée, et de détruire par imprudence le corps qu'elle a construit sans sagesse.

L'originalité est un mérite dangereux en philosophie; dangereux ou non, c'est un mérite que l'on a coutume de refuser à tort à la doctrine de Stahl. Stahl n'a pas inventé l'animisme, s'il consiste à identifier d'une façon générale l'âme et le principe de la vie; cependant l'animisme de Stahl ne ressemble, ni dans ses détails ni dans ses principes essentiels, à celui de ses prédécesseurs.

Depuis l'antiquité la plus reculée, il existe sans doute

dans l'histoire de la philosophie et de la médecine une
tradition animiste, mais elle n'a souvent de commun
avec la doctrine de Stahl que la lettre. Il y a surtout
une grande différence de valeur entre la simple opinion
dénuée de preuves de quelques anciens philosophes et
le système complet, puissamment conçu et fortement
enchaîné de Stahl.

Les premiers, les physiciens de l'école d'Ionie identi-
fièrent le principe de la pensée et le princpe de la vie.
Mais autre chose est absorber, comme ils firent, le
principe de la pensée dans le principe vital, autre
chose, confondre le principe de la vie dans celui de la
raison. Le premier est une forme du matérialisme, le
second, au contraire, un excès du spiritualisme. L'animisme des Ioniens et celui de Stahl n'ont vraiment rien
de commun que le nom.

La doctrine d'Aristote ne ressemble guère à celle de
Stahl, qui ne paraît pas avoir lu le περὶ ψυχῆς. Cette *entéléchie première d'un corps naturel organisé* (1), cette
forme du corps, l'âme d'Aristote, à la fois nourricière
et raisonnable, ni spirituelle, ni matérielle, est une conception trop confuse et trop enveloppée encore, même
au jugement de la critique moderne, pour qu'on puisse
reconnaître en elle l'âme de Stahl, maîtresse absolue du
corps, créatrice de ses organes, directrice de ses fonctions, architecte, économe, médecin, et cependant profondément distincte du corps, spirituelle et immortelle.

(1) Aristote, *Traité de l'âme*, livre II, chapitre 1, § 5, p. 175.
édit. de M. Barthélemy Saint-Hilaire.

La médecine mystique de Van Helmont offrirait plus
de ressemblance avec l'animisme de Stahl. Mais l'archée
du médecin de Bruxelles, comme ses esprits, ses ferments et ses *blas*, n'a de réalité que dans son imagination
visionnaire, et n'est tout au plus qu'une cause occulte
personnifiée. Au-dessus de ces êtres fictifs est l'âme raisonnable, seule vraiment spirituelle, seule immortelle,
seule réelle, surtout seule incontestable; or, c'est précisément à cet esprit que Van Helmont a refusé la direction des fonctions vitales, et que Stahl, au contraire,
a confié toute l'économie des mouvements vitaux et la
construction des organes. Enfin, une doctrine philosophique ne vaut que ce que vaut la méthode qui l'a
produite : l'hypothèse de Van Helmont est le songe d'un
illuminé; l'animisme de Stahl est le résultat d'une
observation ingénieuse et d'une habile dialectique. L'animisme de Stahl demeure un grand système et même
un système original, après la genèse matérialiste des
Ioniens, la psychologie métaphysique d'Aristote, les
rêveries scientifiques de Van Helmont, la physique spiritualiste de Claude Perrault (1) et quelques autres
hypothèses antérieures où sont rapportées à une seule
et même cause la vie et la pensée.

Mais la force et la vérité de la doctrine de Stahl ne
sont pas dans l'animisme. C'est par l'animisme qu'il est
connu et jugé, c'est pour l'animisme qu'il est vanté par
quelques-uns, condamné par le plus grand nombre, et
cependant l'animisme est la partie la moins importante,

(1) *Essais de physique*, par Claude Perrault, 1680.

la moins solide et même la moins neuve de sa doctrine. C'est le vitalisme qui en fait le mérite et qui en fera la durée.

Ce n'est pas de son vivant, ce n'est pas non plus dans son pays que Stahl a trouvé ses plus intelligents disciples et ses plus justes appréciateurs, c'est dans le cours du XVIIIᵉ siècle, c'est en France qu'il les a rencontrés. Le système de Stahl a donc pour nous un intérêt nouveau et presque national, puisque c'est la médecine française qui lui a fait l'accueil le plus éclairé.

Les disciples enthousiastes et aveugles n'ont certes point manqué à Stahl; mais ce ne sont ni Samuel Carl ni Michel Alberti, plus mystiques que leur maître, ni Daniel Coschwitz, ni Daniel Gohl, ni Frédéric Richter, ni Ottomar Goelick, ni même Jean Junker et tous ces humbles secrétaires, auteurs de dissertations innombrables que Stahl signait de son nom, qui ont servi à répandre sa doctrine en l'éclairant. Ce ne sont pas non plus les sectateurs que rencontra Stahl en Angleterre et en Écosse, George Cheyne, Bryan, Nicolas Robinson, François Nicholls, Guillaume Porterfield, Robert Whytt, qui ont vraiment poursuivi son œuvre. Ce n'est point enfin l'adhésion de quelques philosophes rêveurs, comme Ch. Bonnet, qui a donné à ce système de la force et de la vie.

Le stahlianisme, après la mort de Stahl, n'a vraiment fleuri qu'en France, à Montpellier. Là s'est rencontrée toute une suite de médecins distingués qui se sont inspirés de la doctrine de Stahl. Il semble même que le stahlianisme ait pendant un siècle entier trouvé dans cette ville un asile et une patrie, qu'il fasse tradition parmi les médecins de cette école, que tous en respirent l'esprit général comme un air vivifiant, au point que ceux qui demeurent attachés à cette école comme Sauvages, Vénel, Barthez, Grimaud surtout, adhèrent presque complétement à ses principes, que ceux qui viennent s'y instruire et y chercher leur brevet, comme Roussel, s'en retournent fortement attachés au stahlianisme, que ceux enfin qui la quittent, comme Bordeu, pour aller demander leurs titres à une autre école et enseigner ailleurs, tout en demeurant les fervents admirateurs de Stahl, ne sont plus stahliens qu'à demi.

C'est dans cette école que Stahl est compris, admiré comme il doit être, c'est-à-dire expliqué et souvent corrigé, mais le vrai fond de sa doctrine y est si généralement accepté, que c'est du vitalisme de Stahl que l'école de Montpellier a pris et reçu le nom qu'elle porte encore aujourd'hui.

Sauvages, tout en acceptant le vitalisme de Stahl, éclaire et corrige déjà quelques-unes des erreurs de l'animisme en établissant une distinction que Stahl n'avait pas faite entre les mouvements volontaires et les mouvements forcés dont l'âme n'a plus conscience. Il tempère la doctrine nouvelle par un reste de l'ancienne doctrine mathématique ou mécanique.

Barthez accepte aussi le vitalisme de Stahl; quant à l'animisme, sa conduite est plus prudente. On sait que, reconnaissant un principe vital distinct du corps, il ne veut pas s'enquérir trop curieusement de sa nature, âme, archée, force, de quelque nom qu'on l'appelle, quelle que soit sa nature, c'est assez pour lui d'en avoir proclamé l'existence et l'unité (1).

Grimaud, plus explicite mais plus téméraire, ne craint pas d'accepter de Stahl le vitalisme et même l'animisme. Entre Stahl et Grimaud, il y a plus que la conformité des idées, il y a une certaine analogie d'esprit et de caractère. Religieux comme Stahl le piétiste, comme lui Grimaud rapporte à Dieu non-seulement les merveilles de la nature dans le corps humain qui est l'ouvrage de Dieu, mais ses propres travaux et les lui consacre. Aussi est-ce avec une complaisance visible qu'il cite à tout propos l'autorité de Stahl et avec un véritable enthousiasme qu'il chante sa louange.

« On parle beaucoup, dit-il, de la théorie de Stahl et
» on lui reproche communément d'avoir rapporté à
» l'âme toutes les opérations du corps; ce n'est pas
» assurément de ce côté que sa doctrine est répréhen-
» sible. Ce beau génie avait bien vu, comme Hippocrate
» et comme tous les autres philosophes théistes, que
» la raison d'individualité d'un être vivant ne pou-
» vait être que dans l'unité du principe qui l'anime; il
» avait bien vu que les différentes parties qui le com-
» posent ne peuvent s'unir, s'accorder, concerter leurs
» opérations et tendre à certaines fins par des mouve-
» ments communs, qu'autant qu'elles sont sous la dépen-
» dance d'un être simple qui, à raison de sa simplicité,
» peut exister à la fois dans toutes ses parties et les
» faire concourir à des fonctions qui ne se rapportent

(1) Barthez, *Nouveaux éléments de la science de l'homme*, t. I.

» ni à telle partie ni à telle autre, mais qui se rappor-
» tent au tout formé par leur assemblage; il avait bien
» vu qu'en admettant dans le corps animal deux prin-
» cipes différents, comme on le fait si communément
» dans ce siècle, et même encore en le livrant à l'action
» nécessaire et rigoureuse des causes mécaniques,
» c'était introduire dans ce corps une opposition et un
» conflit de mouvements que rien ne pouvait calmer,
» c'est-à-dire que c'était rendre de tous points impos-
» sible l'existence de l'animal qui ne subsiste que par
» le concert, l'ordre et l'harmonie qui règnent dans ses
» fonctions.

» Ce n'est pas parce que Stahl attribue à l'âme tous
» les mouvements du corps que sa théorie est vicieuse,
» puisque d'ailleurs il distingue bien évidemment les
» connaissances qui se rapportent aux objets extérieurs,
» et qui sont les seules qui puissent devenir le sujet de
» la réflexion ou dont l'âme puisse prendre une con-
» naissance réfléchie, et sur lesquelles la liberté puisse
» s'exercer, d'avec celles qui se rapportent à l'intérieur
» du corps et qui sont si simples, que la réflexion ne
» peut avoir sur elles aucune prise, en sorte que ces
» connaissances intellectuelles ou intuitives, comme les
» appelle Stahl, sont en elles sans qu'elle les aperçoive,
» quoiqu'elles manquent de leur caractère tout le sys-
» tème des connaissances réfléchies, et que ce carac-
» tère indélébile devienne le fondement des relations
» qui existent d'une manière nécessaire entre les affec-
» tions physiques et les affections morales.

« Encore un coup, ce n'est pas parce que Stahl a

» attribué à l'âme tous les mouvements du corps que sa
» théorie est défectueuse ; mais un vice radical et essen-
» tiel de cette théorie, c'est que ce grand homme a
» trop borné la puissance de l'âme ou de la nature,
» qu'il l'a réduite à la seule force de la locomotion,
» qu'il a cru qu'elle ne pouvait conserver le corps
» qu'elle anime qu'en présentant par un progrès tou-
» jours soutenu aux divers organes sécrétoires les par-
» ties hétérogènes qui s'y forment, et qu'il n'a pas vu
» que le principe de la vie ou la nature, présente à
» toutes les parties du corps, les conserve et les main-
» tient dans l'état de santé par des forces que nous ne
» pouvons absolument concevoir, et qu'il les altère et
» les corrompt dans l'état de maladie, en les frappant
» d'un caractère de dégénération ou de dépravation qui
» n'appartient qu'à lui. Aussi est-il facile de s'assurer
» que la théorie de Stahl, semblable en cela à l'ancienne
» théorie d'Érasistrate, n'embrasse seulement que les
» maladies nerveuses ou spasmodiques, et qu'elle se re-
» fuse absolument à toutes les maladies qui dépendent
» de la faculté digestive, c'est-à-dire à toutes les mala-
» dies qui supposent une altération profondément éta-
» blie, soit dans les humeurs, soit dans la substance qui
» fait le fond des organes, substance qui est absolu-
» ment de même nature que les humeurs dont elle ne
» diffère que par la circonstance légère d'être établie
» d'une manière plus fixe, au lieu que ces humeurs
» cèdent librement à l'action de la chaleur (1). »

(1) Grimaud, *Leçons de physiologie*, t. I, p. 325 à 328.

Roussel, doué aussi d'une âme trop sensible pour ne
pas faire honneur à l'âme humaine du gouvernement général du corps et du plus grand nombre de ses affections,
est plus stahlien que Bordeu, son maître et son ami.
Il ne reproche guère à Stahl que l'obscurité de son style ;
il le loue en physiologiste et ne trouve à le critiquer
qu'en rhéteur. Il fallait que son admiration pour Stahl
fût bien vive, pour qu'il entreprît de donner de sa doctrine une exposition détaillée et raisonnée, qui eût certainement rendu le présent travail inutile.

« Parmi les médecins modernes, dit-il, Stahl est ce-
» lui qui a le plus insisté sur le moral, lorsqu'il a déve-
» loppé les causes de nos affections corporelles. En
» faisant de l'âme le principe de tous nos mouvements
» vitaux, il a renversé la barrière qui séparait la méde-
» cine et la philosophie. D'après ses dogmes, il n'est
» plus permis d'être médecin sans connaître le jeu des
» passions, l'influence des habitudes et la différence
» qu'il y a entre une machine active et dont tous les
» mouvements sont spontanés, et une machine mue
» par un enchaînement de ressorts inanimés. Son sys-
» tème doit à jamais laver les médecins des imputations
» de matérialisme, dont l'ignorance maligne de leurs
» ennemis les a quelquefois chargés, ou auxquelles la
» légèreté imprudente de quelques-uns d'entre eux peut
» avoir donné lieu. Si son système est le plus ortho-
» doxe, il est aussi le plus vrai, le plus simple et le plus
» conforme aux faits.

» Stahl aurait sans contredit subjugué toute la mé-
» decine, si, plus complaisant pour le lecteur, ou plus

» jaloux de sa réputation, il eût pris soin de polir ses
» ouvrages et d'y répandre ces agréments dont la vérité
» même a si souvent besoin, et surtout s'il se fût trouvé
» dans une position aussi avantageuse que Boerhaave (1). »

« Alibert dit en parlant de Roussel : « Il avait fait une
» étude particulière de Stahl ; or, on sait qu'une des
» raisons principales qui ont empêché la doctrine de
» cet auteur profond d'être plus connue, c'est qu'il né-
» gligeait de polir ses ouvrages (2). »

Bordeu, presque contemporain de Stahl et juge plus
sévère de sa doctrine, repousse avec raison l'animisme
comme une erreur, mais il trouve autant d'admiration
enthousiaste que Grimaud et que Roussel pour célébrer
la vérité du vitalisme stahlien.

« Le génie éclate, dit-il, jusque dans les écarts de
» Van Helmont et de Stahl ; c'est là que le corps vivant
» est considéré, non comme une masse froide et inani-
» mée, mais comme une substance vivifiée par un esprit
» recteur qui domine sur toutes les fonctions et qui les
» fait, si je puis parler ainsi, sortir de leur existence
» passive et corporelle. Stahl m'entraîne avec une vi-
» gueur mâle jusque dans le sanctuaire d'Hippocrate,
» Boerhaave me laisse à la porte avec des ouvriers
» qui ramassent des matériaux et qui n'en mettent
» jamais en œuvre... Le corps ne doit pas être con-
» sidéré comme un être purement mécanique ; il y a

(1) P. Roussel, *Système physique et moral de la femme*, préface,
p. XLIII à XLVIII.

(2) *Éloge historique de Roussel*, par Alibert, p. XII.

» une substance, un être spirituel qui le vivifie... Stahl
» attribue tous les phénomènes du corps vivant à l'âme
» spirituelle et raisonnable; il renouvela cette idée des
» anciens; il eut beaucoup de partisans, et il lui en
» reste encore. L'action de l'âme sur le corps, les révo-
» lutions que cette action opère dans les maladies, les
» effets singuliers des passions, tout cela bien com-
» biné et établi par les faits que la pratique journalière
» apprend aux médecins, entraîne aisément dans les
» opinions de Stahl. Mais il faut l'avouer, Stahl a poussé
» un peu trop loin l'application de son système à l'éco-
» nomie animale. Le corps animal contient un principe
» de vie et d'action dépendant de son essence. Cette
» vie et cette action ne sont, à proprement parler, que
» la vertu de sentir propre aux organes et aux nerfs des
» animaux. Les nerfs sont le principe de tout mouve-
» ment et d'une sorte de sentiment nécessaire à toutes
» les actions de la vie. L'âme spirituelle jointe au corps
» vivant a ses fonctions particulières, elle agit sur le
» corps, elle en reçoit des modifications, mais la vie
» corporelle est due à l'être animal ou vivant, être dis-
» tinct de tous les autres corps par sa nature et ses
» dispositions essentielles (1). »

Bordeu sert comme de lien et de transition entre
l'école de Montpellier qui fut son premier théâtre et
l'école de Paris où il a conquis sa renommée. Comme
les médecins de Montpellier, il reconnaît le génie de

(1) Bordeu, *Traité de médecine théorique et pratique.* Extrait des
ouvrages de Bordeu par Minvielle.

celui qui a renversé la médecine mécanique et proclamé l'importance de la considération de la vie, il s'avoue son débiteur et son obligé; mais, comme les médecins de Paris auxquels il ouvre la voie, il ne veut pas que la vie ait un principe unique, immatériel, distinct et séparé du corps, et il la place sous le nom de sensibilité dans la substance des organes.

On peut donc dire que l'école de Montpellier, même en y comprenant Bordeu, dérive tout entière de Stahl et qu'elle se plaît à le reconnaître.

L'école de Paris, qui a pris ou reçu le nom d'*école organiciste*, semble au contraire repousser Stahl de toutes ses forces et ne lui rien devoir. Elle a cependant participé comme la précédente à son héritage; mais elle a commencé prudemment par en faire l'inventaire et, rejetant tout d'abord l'animisme, c'est-à-dire l'identification de l'âme et du principe de la vie, rejetant même ce principe comme une entité vaine et chimérique, elle s'est crue quitte envers Stahl et dispensée pour lui de toute reconnaissance. Cependant, du legs qui lui était fait, elle n'a repoussé que l'erreur ou l'hypothèse, en conservant ce qu'il renfermait de plus précieux.

Bichat et Broussais ont beau dire qu'il n'y a dans le corps que le corps lui-même, la matière dont il se compose, qu'il n'est habité par aucun être qu'on appelle la vie ou la maladie, qu'il n'y a que des tissus ou des organes, excitables, irritables, vivants en un mot, cela n'empêche pas l'*organicisme* de relever de la doctrine de Stahl. C'est Stahl qui, avant les chefs de l'école de Paris, a mis en lumière cette manière d'être, cette force, ce principe, de quelque nature qu'on le fasse, quelque part qu'on le place, mais toujours distinct des forces mécaniques ou chimiques. Stahl s'est compromis en allant trop loin, en cherchant à connaître jusqu'au bout la nature du principe de la vie, en l'identifiant avec l'âme; un spiritualisme exagéré l'a perdu. Broussais s'est compromis au contraire par horreur de tout ce qui est spirituel et divin; il s'est enfermé, sans en sortir, dans la matière du corps, il l'a faite pensante et voulante, comme Stahl faisait digérer et respirer l'âme spirituelle. Bichat, plus prudent, a mieux assis la science physiologique; mais a-t-il mieux défini la vie que Stahl?

Qu'il nous suffise d'avoir montré la grandeur du système de Stahl et la part de vérité qu'il renferme. On peut hésiter aujourd'hui encore entre les formes différentes du vitalisme, entre les deux écoles de Paris et de Montpellier; ce sera toujours, aux yeux des physiologistes, la gloire de Stahl de les avoir précédées et provoquées. Le spiritualisme élevé de sa doctrine sera toujours, aux yeux des psychologues, l'excuse de ses téméraires hypothèses, car la vérité du spiritualisme communique à l'erreur même qui l'exagère une certaine grandeur qu'on peut admirer encore dans le passé, dans son siècle, à la condition de ne la point rajeunir et renouveler dans le nôtre.

FIN.

TABLE DES MATIÈRES

FIN DE LA TABLE DES MATIÈRES.

MAI 1879

LIBRAIRIE GERMER BAILLIÈRE et Cⁱᵉ.

108, boulevard Saint-Germain, au coin de la rue Hautefeuille, Paris.

EXTRAIT DU CATALOGUE

BIBLIOTHÈQUE

DE

PHILOSOPHIE CONTEMPORAINE

Volumes in-18 à 2 fr. 50 c.

Cartonnés : 3 fr. ; reliés : 4 fr.

H. Taine.

LE POSITIVISME ANGLAIS, étude sur Stuart Mill.

L'IDÉALISME ANGLAIS, étude sur Carlyle.

PHILOSOPHIE DE L'ART, 3ᵉ édit.

PHILOSOPHIE DE L'ART EN ITALIE, 2ᵉ édition.

DE L'IDÉAL DANS L'ART, 2ᵉ édit.

PHILOSOPHIE DE L'ART DANS LES PAYS-BAS.

PHILOSOPHIE DE L'ART EN GRÈCE.

Paul Janet.

LE MATÉRIALISME CONTEMPORAIN. 2ᵉ édit.

LA CRISE PHILOSOPHIQUE. Taine, Renan, Vacherot, Littré.

LE CERVEAU ET LA PENSÉE.

PHILOSOPHIE DE LA RÉVOLUTION FRANÇAISE.

SAINT-SIMON ET LE SAINT-SIMO-NISME.

DIEU, L'HOMME ET LA BÉATITUDE (Œuvre inédite de Spinoza).

Odysse-Barot.

PHILOSOPHIE DE L'HISTOIRE.

Alaux.

PHILOSOPHIE DE M. COUSIN.

Ad. Franck.

PHILOSOPHIE DU DROIT PÉNAL.

PHILOSOPHIE DU DROIT ECCLÉSIAS-TIQUE.

LA PHILOSOPHIE MYSTIQUE EN FRANCE AU XVIIIᵉ SIÈCLE.

Charles de Rémusat.

PHILOSOPHIE RELIGIEUSE.

Charles Lévêque.

LE SPIRITUALISME DANS L'ART.

LA SCIENCE DE L'INVISIBLE. Étude de psychologie et de théodicée.

Émile Saisset.

L'ÂME ET LA VIE, suivi d'une étude sur l'Esthétique française.

CRITIQUE ET HISTOIRE DE LA PHI-LOSOPHIE (frag. et disc.).

Auguste Laugel.

LES PROBLÈMES DE LA NATURE.

LES PROBLÈMES DE LA VIE.

LES PROBLÈMES DE L'AME.

LA VOIX, L'OREILLE ET LA MU-SIQUE.

L'OPTIQUE ET LES ARTS.

Challemel-Lacour.

LA PHILOSOPHIE INDIVIDUALISTE.

L. Büchner.

SCIENCE ET NATURE, trad. de l'al-lem. par Aug. Delondre. 2 vol.

Albert Lemoine.

LE VITALISME ET L'ANIMISME DE STAHL.

DE LA PHYSIONOMIE ET DE LA PAROLE.

L'HABITUDE ET L'INSTINCT.

Milsand.

L'ESTHÉTIQUE ANGLAISE, étude sur John Ruskin.

A. Véra.

ESSAIS DE PHILOSOPHIE HÉGÉ-LIENNE.

Beaussire.

ANTÉCÉDENTS DE L'HEGÉLIANISME DANS LA PHILOS. FRANÇAISE.

Bost.
LE PROTESTANTISME LIBÉRAL.

Francisque Bouillier.
DE LA CONSCIENCE.

Ed. Auber.
PHILOSOPHIE DE LA MÉDECINE.

Leblais.
MATÉRIALISME ET SPIRITUALISME,
précédé d'une Préface par
M. E. Littré.

Ad. Garnier.
DE LA MORALE DANS L'ANTIQUITÉ,
précédé d'une Introduction par
M. Prévost-Paradol.

Schœbel.
PHILOSOPHIE DE LA RAISON PURE.

Tissandier.
DES SCIENCES OCCULTES ET DU
SPIRITISME.

Ath. Coquerel fils.
ORIGINES ET TRANSFORMATIONS DU
CHRISTIANISME.
LA CONSCIENCE ET LA FOI.
HISTOIRE DU CREDO.

Jules Levallois.
DÉISME ET CHRISTIANISME.

Camille Selden.
LA MUSIQUE EN ALLEMAGNE. Étude
sur Mendelssohn.

Fontanès.
LE CHRISTIANISME MODERNE. Étude
sur Lessing.

Stuart Mill.
AUGUSTE COMTE ET LA PHILOSO-
PHIE POSITIVE. 2ᵉ édition.

Mariano.
LA PHILOSOPHIE CONTEMPORAINE
EN ITALIE.

Saigey.
LA PHYSIQUE MODERNE, 2ᵉ tirage.

E. Faivre.
DE LA VARIABILITÉ DES ESPÈCES.

Ernest Bersot.
LIBRE PHILOSOPHIE.

A. Réville.
HISTOIRE DU DOGME DE LA DIVINITÉ
DE JÉSUS-CHRIST. 2ᵉ édition.

W. de Fonvielle.
L'ASTRONOMIE MODERNE.

C. Coignet.
LA MORALE INDÉPENDANTE.

E. Boutmy.
PHILOSOPHIE DE L'ARCHITECTURE
EN GRÈCE.

Et. Vacherot.
LA SCIENCE ET LA CONSCIENCE.

Ém. de Laveleye.
DES FORMES DE GOUVERNEMENT.

Herbert Spencer.
CLASSIFICATION DES SCIENCES.

Gauckler.
LE BEAU ET SON HISTOIRE.

Max Müller.
LA SCIENCE DE LA RELIGION.

Léon Dumont.
HAECKEL ET LA THÉORIE DE L'É-
VOLUTION EN ALLEMAGNE.

Bertauld.
L'ORDRE SOCIAL ET L'ORDRE MO-
RAL.
DE LA PHILOSOPHIE SOCIALE.

Th. Ribot.
PHILOSOPHIE DE SCHOPENHAUER.

Al. Herzen.
PHYSIOLOGIE DE LA VOLONTÉ.

Bentham et Grote.
LA RELIGION NATURELLE.

Hartmann.
LA RELIGION DE L'AVENIR. 2ᵉ édit.
LE DARWINISME.

H. Lotze.
PSYCHOLOGIE PHYSIOLOGIQUE.

Schopenhauer.
LE LIBRE ARBITRE.

Liard.
LES LOGICIENS ANGLAIS.

Marion.
J. LOCKE.

O. Schmidt.
LES SCIENCES NATURELLES ET LA
PHILOSOPHIE DE L'INCONSCIENT.

Haeckel.
LES PREUVES DU TRANSFORMISME.
LA PSYCHOLOGIE CELLULAIRE.

Pi Y. Margall.
LES NATIONALITÉS.

Barthélemy Saint-Hilaire.
DE LA MÉTAPHYSIQUE.

BIBLIOTHÈQUE DE PHILOSOPHIE CONTEMPORAINE

FORMAT IN-8

Volumes à 5 fr., 7 fr. 50 et 10 fr. Cart., 1 fr. en plus par vol.; reliure, 2 fr.

JULES BARNI.

La morale dans la démocratie. 1 vol. 5 fr.

AGASSIZ.

De l'espèce et des classifications, traduit de l'anglais par M. Vogeli. 1 vol. 5 fr.

STUART MILL.

La philosophie de Hamilton, traduit de l'anglais par M. Cazelles. 1 fort vol. 10 fr.

Mes mémoires. Histoire de ma vie et de mes idées, traduit de l'anglais par M. E. Cazelles. 1 vol. 5 fr.

Système de logique déductive et inductive. Exposé des principes de la preuve et des méthodes de recherche scientifique, traduit de l'anglais par M. Louis Peisse. 2 vol. 20 fr.

Essais sur la Religion, traduits de l'anglais par M. E. Cazelles. 1 vol. 5 fr.

DE QUATREFAGES.

Ch. Darwin et ses précurseurs français. 1 vol. 5 fr.

HERBERT SPENCER.

Les premiers principes. 1 fort vol. traduit de l'anglais par M. Cazelles. 10 fr.

Principes de psychologie, traduits de l'anglais par MM. Th. Ribot et Espinas. 2 vol. 20 fr.

Principes de biologie, traduits par M. Cazelles. 2 vol. in-8. 1877-1878. 20 fr.

Principes de sociologie. Tome Ier. 1 vol. in-8. 1878. 10 fr.

Essais sur le progrès, traduits de l'anglais par M. Burdeau. 1 vol. in-8. 1877. 7 fr. 50

Essais de politique. 1 vol. in-8, traduit par M. Burdeau. 7 fr. 50

Essais scientifiques. 1 vol. in-8, traduit par M. Burdeau. 7 fr. 50

De l'éducation physique, intellectuelle et morale. 1 volume in-8. 2e édition. 5 fr.

AUGUSTE LAUGEL.

Les problèmes (Problèmes de la nature, problèmes de la vie, problèmes de l'âme). 1 fort vol. 7 fr. 50

ÉMILE SAIGEY.

Les sciences au XVIIIe siècle, la physique de Voltaire. 1 vol. 5 fr.

PAUL JANET.

Histoire de la science politique dans ses rapports avec la morale. 2e édition, 2 vol. 20 fr.

Les causes finales. 1 vol. in-8. 1876. 10 fr.

— 4 —

TH. RIBOT.

De l'hérédité. 1 vol. — 10 fr.

La psychologie anglaise contemporaine (école expérimentale).
1 vol., 2ᵉ édition. 1875. — 7 fr. 50

La psychologie allemande contemporaine (école expérimentale).
1 vol. in-8. 1879. — 7 fr. 50

HENRI RITTER.

Histoire de la philosophie moderne, traduction française, précédée
d'une introduction par M. P. Challemel-Lacour. 3 vol. — 20 fr.

ALF. FOUILLÉE.

La liberté et le déterminisme. 1 vol. — 7 fr. 50

DE LAVELEYE.

De la propriété et de ses formes primitives. 1 vol., 2ᵉ édit.
1877. — 7 fr. 50

BAIN.

La logique inductive et déductive, traduit de l'anglais par
M. Compayré. 2 vol. — 20 fr.

Des sens et de l'intelligence. 1 vol. traduit de l'anglais par
M. Cazelles. — 10 fr.

Les émotions et la volonté. 1 fort vol. — (Sous presse.)

MATTHEW ARNOLD.

La crise religieuse. 1 vol. in-8. 1876. — 7 fr. 50

BARDOUX.

Les légistes et leur influence sur la société française. 1 vol.
in-8. 1877. — 5 fr.

HARTMANN (E. DE).

La philosophie de l'inconscient, traduit de l'allemand par M. D.
Nolen, avec une préface de l'auteur écrite pour l'édition française.
2 vol. in-8. 1877. — 20 fr.

La philosophie allemande du XIXᵉ siècle, dans ses principaux
représentants, traduit de l'allemand par M. D. Nolen. 1 vol. in-8.
(Sous presse.)

ESPINAS (ALF.).

Des sociétés animales. 1 vol. in-8, 2ᵉ éd., précédée d'une Introduction sur l'*Histoire de la sociologie*, 1878. — 7 fr. 50

FLINT.

La philosophie de l'histoire en France, traduit de l'anglais par
M. Ludovic Carrau. 1 vol. in-8. 1878. — 7 fr. 50

La philosophie de l'histoire en Allemagne, traduit de l'anglais
par M. Ludovic Carrau. 1 vol. in-8. 1878. — 7 fr. 50

LIARD.

La science positive et la métaphysique. 1 v. in-8. — 7 fr. 50

GUYAU.

Les moralistes anglais contemporains. 1 vol. in-8. — 7 fr. 50

BIBLIÒTHÈQUE
D'HISTOIRE CONTEMPORAINE
Vol. in-18 à 3 fr. 50.
Vol. in-8 à 5 et 7 fr. Cart. 1 fr. en plus par vol.; relure 2 fr.

EUROPE

HISTOIRE DE L'EUROPE PENDANT LA RÉVOLUTION FRANÇAISE, par *H. de Sybel*. Traduit de l'allemand par Mlle Dosquet. 3 vol. in-8. . . 21 »
    Chaque volume séparément . . . . 7 »

FRANCE

HISTOIRE DE LA RÉVOLUTION FRANÇAISE, par *Carlyle*. Traduit de l'anglais. 3 vol. in-18; chaque volume. 3 50
NAPOLÉON Ier ET SON HISTORIEN M. THIERS, par *Barni*. 1 vol. in-18. 3 50
HISTOIRE DE LA RESTAURATION, par *de Rochau*. 1 vol. in-18, traduit de l'allemand. 3 50
HISTOIRE DE DIX ANS, par *Louis Blanc*. 5 vol. in-8. . . . . 25 »
    Chaque volume séparément . . . . 5 »
— 25 planches en taille-douce. Illustrations pour l'*Histoire de dix ans*. 6 fr.
HISTOIRE DE HUIT ANS (1840-1848), par *Elias Regnault*. 3 vol. in-8.. 15 »
    Chaque volume séparément . . . . 5 »
—14 planches en taille-douce. Illustrations pour l'*Histoire de huit ans*. 4 fr.
HISTOIRE DU SECOND EMPIRE (1848-1870), par *Taxile Delord*. 6 volumes in-8. . . . . 42 »
    Chaque volume séparément . . . . 7 »
LA GUERRE DE 1870-1871, par *Boert*, d'après le colonel fédéral suisse Rustow. 1 vol. in-18. . . . . 3 50
LA FRANCE POLITIQUE ET SOCIALE, par *Aug. Laugel*. 1 volume in-8. 5 »
HISTOIRE DES COLONIES FRANÇAISES, par *P. Gaffarel*. 1 vol. in-8. . . 5 fr.
                                  (*Sous presse*.)

ANGLETERRE

HISTOIRE GOUVERNEMENTALE DE L'ANGLETERRE, DEPUIS 1770 JUSQU'A 1830, par sir *G. Cornewal Lewis*. 1 vol. in-8, traduit de l'anglais . . . . . 7 fr.
HISTOIRE DE L'ANGLETERRE depuis la reine Anne jusqu'à nos jours, par *H. Reynald*. 1 vol. in-18. . . . . 3 50
LES QUATRE GEORGES, par *Tackeray*, trad. de l'anglais par Lefoyer. 1 vol. in-18. . . . . 3 50
LA CONSTITUTION ANGLAISE, par *W. Bagehot*, traduit de l'anglais. 1 vol. in-18. . . . . 3 50
LOMBART-STREET, le marché financier en Angleterre, par *W. Bagehot*. 1 vol. in-18. . . . . 3 50
LORD PALMERSTON ET LORD RUSSEL, par *Aug. Laugel*. 1 volume in-18 (1876) 3 50

ALLEMAGNE

LA PRUSSE CONTEMPORAINE ET SES INSTITUTIONS, par *K. Hillebrand*. 1 vol. in-18. . . . . 3 50
HISTOIRE DE LA PRUSSE, depuis la mort de Frédéric II jusqu'à la bataille de Sadowa, par *Eug. Véron*. 1 vol. in-18 . . . . 3 50
HISTOIRE DE L'ALLEMAGNE, depuis la bataille de Sadowa jusqu'à nos jours, par *Eug. Véron*. 1 vol. in-18. . . . . 3 50
L'ALLEMAGNE CONTEMPORAINE, par *Ed. Bourloton*. 1 vol. in-18. . . . 3 50

AUTRICHE-HONGRIE

HISTOIRE DE L'AUTRICHE, depuis la mort de Marie-Thérèse jusqu'à nos jours, par *L. Asseline*. 1 volume in-18. . . . . 3 50
HISTOIRE DES HONGROIS et de leur littérature politique de 1790 à 1815, par *Ed. Sayous*. 1 vol. in-18. . . . . 3 50

ESPAGNE

L'ESPAGNE CONTEMPORAINE, journal d'un voyageur, par *Louis Teste*. 1 vol. in-18. . . . . 3 50
HISTOIRE DE L'ESPAGNE, depuis la mort de Charles III jusqu'à nos jours, par *H. Reynald*. 1 vol. in-18. . . . . 3 50

RUSSIE

LA RUSSIE CONTEMPORAINE, par *Herbert Barry*, traduit de l'anglais. 1 vol. in-18. . . . . 3 50
HISTOIRE CONTEMPORAINE DE LA RUSSIE, par M. *F. Brunetière*. 1 volume in-18. . . . . (*Sous presse.*) 3 50

SUISSE

LA SUISSE CONTEMPORAINE, par *H. Dixon*. 1 vol. in-18, traduit de l'anglais. 3 50
HISTOIRE DU PEUPLE SUISSE, par *Daendliker*, traduit de l'allemand par madame *Jules Favre*, et précédé d'une Introduction de M. *Jules Favre*. 1 vol. in-8 . . . . 5 fr.

ITALIE

HISTOIRE DE L'ITALIE, depuis 1815 jusqu'à nos jours, par *Elie Sorin*. 1 vol. in-8 . . . . (*Sous presse.*) 3 50

AMÉRIQUE

HISTOIRE DE L'AMÉRIQUE DU SUD, depuis sa conquête jusqu'à nos jours, par *Alf. Deberle*. 1 vol. in-18. . . . . 3 50
HISTOIRE DE L'AMÉRIQUE DU NORD (États-Unis, Canada, Mexique), par *Ad. Cohn*. 1 vol. in-18. . . . . (*Sous presse.*)
LES ÉTATS-UNIS PENDANT LA GUERRE, 1861-1864. Souvenirs personnels, par *Aug. Laugel*. 1 vol. in-18. . . . . 3 50

Eug. Despois. LE VANDALISME RÉVOLUTIONNAIRE. Fondations littéraires, scientifiques et artistiques de la Convention. 1 vol. in-18. . . . . . 3 50
Victor Meunier. SCIENCE ET DÉMOCRATIE. 2 vol. in-18, chacun séparément 3 50
Jules Barni. HISTOIRE DES IDÉES MORALES ET POLITIQUES EN FRANCE AU XVIIIᵉ SIÈCLE. 2 vol. in-18, chaque volume. 3 50
— NAPOLÉON Iᵉʳ ET SON HISTORIEN M. THIERS. 1 vol. in-18. . . . 3 50
— LES MORALISTES FRANÇAIS AU XVIIIᵉ SIÈCLE. 1 vol. in 18. . . 3 50
Émile Montégut. LES PAYS-BAS. Impressions de voyage et d'art. 1 vol. in-18. . . . . 3 50
Émile Beaussire. LA GUERRE ÉTRANGÈRE ET LA GUERRE CIVILE. 1 vol. in-18. . . . . 3 50
J. Clamageran. LA FRANCE RÉPUBLICAINE. 1 volume in-18. . . 3 50
E. Duvergier de Hauranne. LA RÉPUBLIQUE CONSERVATRICE. 1 vol. in-18. . . . . 3 50

BIBLIOTHÈQUE SCIENTIFIQUE
INTERNATIONALE

La *Bibliothèque scientifique internationale* n'est pas ne entreprise de librairie ordinaire. C'est une œuvre dirigée par les auteurs mêmes, en vue des intérêts de la science, pour la populariser sous toutes ses formes, et faire connaître immédiatement dans le monde entier les idées originales, les directions nouvelles, les découvertes importantes qui se font chaque jour dans tous les pays. Chaque savant expose les idées qu'il a introduites dans la science et condense pour ainsi dire ses doctrines les plus originales.

On peut ainsi, sans quitter la France, assister et participer au mouvement des esprits en Angleterre, en Allemagne, en Amérique, en Italie, tout aussi bien que les savants mêmes de chacun de ces pays.

La *Bibliothèque scientifique internationale* ne comprend pas seulement des ouvrages consacrés aux sciences physiques et naturelles, elle aborde aussi les sciences morales, comme la philosophie, l'histoire, la politique et l'économie sociale, la haute législation, etc.; mais les livres traitant des sujets de ce genre se rattacheront encore aux sciences naturelles, en leur empruntant les méthodes d'observation et d'expérience qui les ont rendues si fécondes depuis deux siècles.

Cette collection paraît à la fois en français, en anglais, en allemand, en russe et en italien : à Paris, chez Germer Baillière et Cie ; à Londres, chez C. Kegan, Paul et Cie ; à New-York, chez Appleton ; à Leipzig, chez Brockhaus ; à Saint-Pétersbourg, chez Koropchevski et Goldsmith, et à Milan, chez Dumolard frères.

EN VENTE :

VOLUMES IN-8, CARTONNÉS A L'ANGLAISE, A 6 FRANCS

Les mêmes, en demi-reliure, veau. — 10 francs.

1. J. TYNDALL. **Les glaciers et les transformations de l'eau,** avec figures. 1 vol. in-8. 2e édition.   6 fr.
2. MAREY. **La machine animale,** locomotion terrestre et aérienne, avec de nombreuses fig. 1 vol. in-8. 2e édition. 6 fr.
3. BAGEHOT. **Lois scientifiques du développement des nations** dans leurs rapports avec les principes de la sélection naturelle et de l'hérédité. 1 vol. in-8. 3e édition.   6 fr.
4. BAIN. **L'esprit et le corps.** 1 vol. in-8. 3e édition.   6 fr.
5. PETTIGREW. **La locomotion chez les animaux,** marche, natation. 1 vol. in-8, avec figures.   6 fr.
6. HERBERT SPENCER. **La science sociale.** 1 v. in-8. 4e éd. 6 fr.
7. VAN BENEDEN. **Les commensaux et les parasites dans le règne animal.** 1 vol. in-8, avec figures. 2e édit.   6 fr.
8. O. SCHMIDT. **La descendance de l'homme et le darwinisme.** 1 vol. in-8, avec fig. 3e édition, 1878.   6 fr.
9. MAUDSLEY. **Le crime et la folie.** 1 vol. in-8. 3e édit. 6 fr.

10. BALFOUR STEWART. **La conservation de l'énergie,** suivie d'une étude sur la nature de la force, par *M. P. de Saint-Robert*, avec figures. 1 vol. in-8. 3ᵉ édition.　6 fr.

11. DRAPER. **Les conflits de la science et de la religion.** 1 vol. in-8. 6ᵉ édition, 1878.　6 fr.

12. SCHUTZENBERGER. **Les fermentations.** 1 vol. in-8, avec fig. 3ᵉ édition, 1878.　6 fr.

13. L. DUMONT. **Théorie scientifique de la sensibilité.** 1 vol. in-8. 2ᵉ édition.　6 fr.

14. WHITNEY. **La vie du langage.** 1 vol. in-8. 2ᵉ édit.　6 fr.

15. COOKE ET BERKELEY. **Les champignons.** 1 vol. in-8, avec figures. 3ᵉ édition.　6 fr.

16. BERNSTEIN. **Les sens.** 1 vol. in-8, avec 91 fig. 2ᵉ édit.　6 fr.

17. BERTHELOT. **La synthèse chimique.** 1 vol. in-8. 3ᵉ édition. 1879.　6 fr.

18. VOGEL. **La photographie et la chimie de la lumière,** avec 95 figures. 1 vol. in-8. 2ᵉ édition.　6 fr.

19. LUYS. **Le cerveau et ses fonctions,** avec figures. 1 vol. in-8. 4ᵉ édition.　6 fr.

20. STANLEY JEVONS. **La monnaie et le mécanisme de l'échange.** 1 vol. in-8. 2ᵉ édition.　6 fr.

21. FUCHS. **Les volcans.** 1 vol. in-8, avec figures dans le texte et une carte en couleur. 2ᵉ édition.　6 fr.

22. GÉNÉRAL BRIALMONT. **Les camps retranchés et leur rôle dans la défense des États,** avec fig. dans le texte et 2 planches hors texte.　6 fr.

23. DE QUATREFAGES. **L'espèce humaine.** 1 vol. in-8. 4ᵉ édition. 1878.　6 fr.

24. BLASERNA ET HELMOLTZ. **Le son et la musique,** et *les Causes physiologiques de l'harmonie musicale.* 1 vol. in-8, avec figures, 2ᵉ édit. 1879.　6 fr.

25. ROSENTHAL. **Les nerfs et les muscles.** 1 vol. in-8, avec 75 figures. 2ᵉ édition, 1878.　6 fr.

26. BRUCKE ET HELMHOLTZ. **Principes scientifiques des beaux-arts,** suivis de l'Optique et la peinture, avec 39 figures dans le texte. 1878.　6 fr.

27. WURTZ. **La théorie atomique.** 1 vol. in-8. 2ᵉ éd., 1879. 6 fr.

28-29. SECCHI (le Père). **Les étoiles.** 2 vol. in-8, avec 63 figures dans le texte et 17 pl. en noir et en couleurs tirées hors texte, 1879.　12 fr.

30. JOLY. **L'homme primitif.** 1 vol. in-8, avec fig. 1879.　6 fr.

OUVRAGES SUR LE POINT DE PARAITRE :

A. BAIN. **La science de l'éducation.**

HERBERT SPENCER. **Introduction à la morale.**

HUXLEY. **L'écrevisse** (avec figures).

THURSTON. **Histoire des machines à vapeur** (avec figures).

RÉCENTES PUBLICATIONS

HISTORIQUES ET PHILOSOPHIQUES

Qui ne se trouvent pas dans les Bibliothèques.

ALAUX. **La religion progressive.** 1869. 1 vol. in-18. 3 fr. 50

ARRÉAT. **Une éducation intellectuelle.** 1 vol. in-18. 2 fr. 50

AUDIFFRET-PASQUIER. **Discours devant les commissions de la réorganisation de l'armée et des marchés.** In-4. 2 fr. 50

BAUTAIN. **La philosophie morale.** 2 vol. in-8. 12 fr.

BÉNARD(Ch.). **De la Philosophie dans l'éducation classique,** 1862. 1 fort vol. in-8. 6 fr.

BERTAULD (P.-A). **Introduction à la recherche des causes premières. — De la méthode.** Tome Ier. 1 vol. in-18. 3 fr. 50

BLAIZE (A.). **Des monts-de-piété** et des banques de prêts sur gages en France et dans les divers États. 2 vol. in-8. 15 fr.

BLANCHARD. **Les métamorphoses, les mœurs et les instincts des insectes,** par M. Émile BLANCHARD, de l'Institut, professeur au Muséum d'histoire naturelle. 1 magnifique volume in-8 jésus, avec 160 figures intercalées dans le texte et 40 grandes planches hors texte. 2e édition, 1877. Prix, broché. 25 fr.
    Relié en demi-maroquin. 30 fr.

BLANQUI. **L'éternité par les astres,** hypothèse astronomique. 1872, in-8. 2 fr.

BORÉLY (J.). **Nouveau système électoral, représentation proportionnelle de la majorité et des minorités.** 1870, 1 vol. in-18 de XVIII-194 pages. 2 fr. 50

BOUCHARDAT. **Le travail,** son influence sur la santé (conférences faites aux ouvriers). 1863. 1 vol. in-18. 2 fr. 50

BOURBON DEL MONTE (François). **L'homme et les animaux,** essai de psychologie positive. 1 vol. in-8, avec 3 pl. hors texte. 5 fr.

BOURDET (Eug.). **Principe d'éducation positive,** nouvelle édition, entièrement refondue, précédée d'une préface de M. CH. ROBIN. 1 vol. in-18 (1877). 3 fr. 50

BOURDET (Eug.). **Vocabulaire des principaux termes de la philosophie positive,** avec notices biographiques appartenant au calendrier positiviste. 1 vol. in-18 (1875). 3 fr. 50

BOUTROUX. **De la contingence des lois de la nature.** In-8, 1874. 4 fr.

CADET. **Hygiène, inhumation, crémation** ou incinération des corps. 1 vol. in-18, avec figures dans le texte. 2 fr.

CARETTE (le colonel). **Études sur les temps antéhistoriques**. Première étude : *Le Langage*. 1 vol. in-8, 1878.   8 fr.

CHASLES (Philarète). **Questions du temps et problèmes d'autrefois**. Pensées sur l'histoire, la vie sociale, la littérature. 1 vol. in-18, édition de luxe.   3 fr.

CLAVEL. **La morale positive**. 1873, 1 vol. in-18.   3 fr.

CLAVEL. **Les principes au XIXᵉ siècle**. 1 v. in-18 ,1877.   1 fr.

CONTA. **Théorie du fatalisme**. 1 vol. in-18, 1877.   4 fr.

COQUEREL (Charles). **Lettres d'un marin à sa famille**. 1870, 1 vol. in-18.   3 fr. 50

COQUEREL fils (Athanase). **Libres études** (religion, critique, histoire, beaux-arts). 1867, 1 vol. in-8.   5 fr.

COQUEREL fils (Athanase). **Pourquoi la France n'est-elle pas protestante ?** Discours prononcé à Neuilly le 1ᵉʳ novembre 1866. 2ᵉ édition, in-8.   1 fr.

COQUEREL fils (Athanase). **La charité sans peur**, sermon en faveur des victimes des inondations, prêché à Paris le 18 novembre 1866. In-8.   75 c.

COQUEREL fils (Athanase). **Évangile et liberté**, discours d'ouverture des prédications protestantes libérales, prononcé le 8 avril 1868. In-8.   50 c.

COQUEREL fils (Athanase). **De l'éducation des filles**, réponse à Mgr l'évêque d'Orléans, discours prononcé le 3 mai 1868. In-8.   1 fr.

CORBON. **Le secret du peuple de Paris**. 1 vol. in-8.   5 fr.

CORMENIN (de)- TIMON. **Pamphlets anciens et nouveaux**. Gouvernement de Louis-Philippe, République, Second Empire. 1 beau vol. in-8 cavalier.   7 fr. 50

Conférences de la Porte-Saint-Martin pendant le siége de Paris. Discours de MM. *Desmarets* et *de Pressensé*. — Discours de M. *Coquerel*, sur les moyens de faire durer la République. — Discours de M. *Le Berquier*, sur la Commune. — Discours de M. *E. Bersier*, sur la Commune. — Discours de M. *H. Cernuschi*, sur la Légion d'honneur. In-8.   1 fr. 25

Sir G. CORNEWALL LEWIS. **Quelle est la meilleure forme de gouvernement?** Ouvrage traduit de l'anglais, précédé d'une Étude sur la vie et les travaux de l'auteur, par M. Mervoyer, docteur ès lettres. 1867, 1 vol. in-8.   3 fr. 50

CORTAMBERT (Louis). **La religion du progrès**. 1874, 1 vol. in-18.   3 fr. 50

DAURIAC (Lionel). **Des notions de force et de matière dans les sciences de la nature**. 1 vol. in-8, 1878, 5 fr.

DAVY. **Les conventionnels de l'Eure**. Buzot, Duroy, Lindet, à travers l'histoire. 2 forts vol. in-8 (1876).   18 fr.

DELAVILLE. **Cours pratique d'arboriculture fruitière** pour la région du nord de la France, avec 269 fig. In-8.   6 fr.

DELBŒUF. **La psychologie comme science naturelle**. 1 vol. in-8, 1876.   2 fr. 50

DELEUZE. **Instruction pratique sur le magnétisme animal,** précédée d'une Notice sur la vie de l'auteur. 1853. 1 vol. in-12. 3 fr. 50

DESJARDINS. **Les jésuites et l'université devant le parlement de Paris** au XVIᵉ siècle, 1 br. in 8 (1877). 1 fr. 25

DESTREM (J.). **Les déportations du Consulat.** 1 br. in-8. 1 fr. 50

DOLLFUS (Ch.). **De la nature humaine.** 1868, 1 v. in-8. 5 fr.

DOLLFUS (Ch.). **Lettres philosophiques.** 3ᵉ édition. 1869, 1 vol. in-18. 3 fr. 50

DOLLFUS (Ch.). **Considérations sur l'histoire.** Le monde antique. 1872, 1 vol. in-8. 7 fr. 50

DOLLFUS (Ch.). **L'âme dans les phénomènes de conscience.** 1 vol. in-18 (1876). 3 fr.

DUBOST (Antonin). **Des conditions de gouvernement en France.** 1 vol. in-8 (1875). 7 fr. 50

DUFAY. **Etudes sur la Destinée.** 1 vol. in-18, 1876. 3 fr.

DUMONT (Léon). **Le sentiment du gracieux.** 1 vol. in-8. 3 fr.

DUMONT (Léon). **Des causes du rire.** 1 vol. in-8. 2 fr.

DU POTET. **Manuel de l'étudiant magnétiseur.** Nouvelle édition. 1868, 1 vol. in-18. 3 fr. 50

DU POTET. **Traité complet de magnétisme,** cours en douze leçons. 1879, 4ᵉ édition, 1 vol. in-8 de 634 pages. 8 fr.

DUPUY (Paul). **Études politiques,** 1874. 1 v. in-8. 3 fr. 50

DUVAL-JOUVE. **Traité de Logique,** 1855. 1 vol. in-8. 6 fr.

Éléments de science sociale. Religion physique, sexuelle et naturelle. 1 vol. in-18. 3ᵉ édit., 1877. 3 fr. 50

ÉLIPHAS LÉVI. **Dogme et rituel de la haute magie.** 1861, 2ᵉ édit., 2 vol. in-8, avec 24 fig. 18 fr.

ÉLIPHAS LÉVI. **Histoire de la magie,** 1860, 1 vol. in-8, avec 90 fig. 12 fr.

ÉLIPHAS LÉVI. **La science des esprits,** révélation du dogme secret des Kabbalistes, esprit occulte de l'Évangile, appréciation des doctrines et des phénomènes spirites. 1865, 1 v. in-8. 7 fr.

ÉLIPHAS LÉVI. **Clef des grands mystères,** suivant Hénoch, Abraham, Hermès Trismégiste et Salomon. 1861, 1 vol. in-8, avec 20 planches. 12 fr.

EVANS (John). **Les âges de la pierre,** 1 beau volume grand in-8, avec 467 fig. dans le texte, trad. par M. Ed. BARBIER. 1878. 15 fr. — En demi-reliure. 18 fr.

FABRE (Joseph). **Histoire de la philosophie.** Première partie: Antiquité et moyen âge. 1 v. in-12, 1877. 3 fr. 50
Deuxième partie: Renaissance et temps modernes. (*Sous presse.*)

FAU. **Anatomie des formes du corps humain,** à l'usage des peintres et des sculpteurs. 1866, 1 vol. in-8 et atlas de 25 planches. 2ᵉ édition. Prix, fig. noires. 20 fr.; fig. coloriées. 35 fr.

FAUCONNIER. **La question sociale,** in-18, 1878. 3 fr. 50

FAUCONNIER. **Protection et libre échange**, brochure in-8 (1879). 2 fr.

FOX (W.-J.). **Des idées religieuses**. In-12. 1876. 3 fr.

FERBUS (N.). **La science positive du bonheur**. 1 v. in-18. 3 fr.

FERRIER (David). **Les fonctions du cerveau**. 1 vol. in-8, traduit de l'anglais. 1878, avec fig. 10 fr.

FERRON (de). **Théorie du progrès**, 2 vol. in-18. 7 fr.

FERRIÈRE (Em.). **Le darwinisme**. 1872, 1 v. in-18. 4 fr. 50

FONCIN. **Essai sur le ministère de Turgot**. 1 vol. grand in-8 (1876). 8 fr.

FOX (W.-J.). **Des idées religieuses**. In-8, 1876. 3 fr.

FRÉDÉRIQ. **Hygiène populaire**. 1 vol. in-12, 1875. 4 fr.

GASTINEAU. **Voltaire en exil**. 1 vol. in-18. 3 fr.

GÉRARD (Jules). **Maine de Biran, essai sur sa philosophie**. 1 fort vol. in-8, 1876. 10 fr.

GOUET (Amédée). **Histoire nationale de France**, d'après des documents nouveaux.

Tome I. Gaulois et Francks. — Tome II. Temps féodaux. — Tome III. Tiers état. — Tome IV. Guerre des princes. — Tome V. Renaissance. — Tome VI. Réforme. — Tome VII. Guerres de religion. (*Sous presse*.) Prix de chaque vol. in-8. 5 fr.

GUICHARD (Victor). **La liberté de penser**, fin du pouvoir spirituel. 1 vol. in-18, 2e édition, 1878. 3 fr. 50

GUILLAUME (de Moissey). **Nouveau traité des sensations**. 2 vol. in-8 (1876). 15 fr.

HERZEN. **Œuvres complètes**. Tome Ier. *Récits et nouvelles*. 1874, 1 vol. in-18. 3 fr. 50

HERZEN. **De l'autre Rive**. 4e édition, traduit du russe par M. Herzen fils. 1 vol. in-18. 3 fr. 50

HERZEN. **Lettres de France et d'Italie**. 1871, in-18. 3 fr. 50

ISSAURAT. **Moments perdus de Pierre-Jean**, observations, pensées, 1868, 1 vol. in-18. 3 fr.

ISSAURAT. **Les alarmes d'un père de famille**, suscitées, expliquées, justifiées et confirmées par lesdits faits et gestes de Mgr Dupanloup et autres. 1868, in-8. 1 fr.

JOZON (Paul). **Des principes de l'écriture phonétique** et des moyens d'arriver à une orthographe rationnelle et à une écriture universelle. 1 vol. in-18. 1877. 3 fr. 50

LABORDE. **Les hommes et les actes de l'insurrection de Paris** devant la psychologie morbide. 1 vol. in-18. 2 fr. 50

LACHELIER. **Le fondement de l'induction**. 1 vol. in-8. 3 fr. 50

LACOMBE. **Mes droits**. 1869, 1 vol. in-12. 2 fr. 50

LAMBERT. **Hygiène de l'Égypte**. 1873, 1 vol. in-18. 2 fr. 50

LANGLOIS. **L'homme et la Révolution**. Huit études dédiées à P.-J. Proudhon. 1867, 2 vol. in-18. 7 fr.

LAUSSEDAT. **La Suisse**. Études médicales et sociales. 2e édit., 1875. 1 vol. in-18. 3 fr. 50

LAVELEYE (Em. de). **De l'avenir des peuples catholiques.** 1 brochure in-8. 21e édit. 1876. 25 c.

LAVERGNE (Bernard). **L'ultramontanisme et l'État.** 1 vol. in-8 (1875). 1 fr. 50

LE BERQUIER. **Le barreau moderne.** 1871, in-18. 3 fr. 50

LEDRU (Alphonse). **Organisation, attributions et responsabilité des conseils de surveillance des sociétés en commandite par actions.** Grand in-8 (1876). 3 fr. 50

LEDRU (Alphonse). **Des publicains et des Sociétés vectigaliennes.** 1 vol. grand in-8 (1876). 3 fr.

LEDRU-ROLLIN. **Discours politiques et écrits divers.** 2 vol. in-8 cavalier (1879). 12 fr.

LEMER (Julien). **Dossier des jésuites et des libertés de l'Église gallicane.** 1 vol. in-18 (1877). 3 fr. 50

LITTRÉ. **Conservation, révolution et positivisme.** 1 vol. in-12, 2e édition (1879). 5 fr.

LITTRÉ. **Fragments de philosophie.** 1 vol. in-8. 1876. 8 fr.

LITTRÉ. **Application de la philosophie positive** au gouvernement des Sociétés. In-8. 3 fr. 50

LITTRÉ. **Conservation, révolution et positivisme.** 1 vol. in-12. 2e édition. 1879. 5 fr.

LORAIN (P.). **L'assistance publique.** 1871, in-4 de 56 p. 1 fr.

LUBBOCK (sir John). **L'homme préhistorique**, étudié d'après les monuments et les costumes retrouvés dans les différents pays de l'Europe, suivi d'une Description comparée des mœurs des sauvages modernes, traduit de l'anglais par M. Ed. BARBIER, 526 figures intercalées dans le texte. 1876, 2e édition, considérablement augmentée, suivie d'une conférence de M. P. BROCA sur *les Troglodytes de la Vezère.* 1 beau vol. in-8, br. 15 fr.
Cart. riche, doré sur tranche. 18 fr.

LUBBOCK (sir John). **Les origines de la civilisation.** État primitif de l'homme et mœurs des sauvages modernes. 1877, 1 vol. grand in-8 avec figures et planches hors texte. Traduit de l'anglais par M. Ed. BARBIER. 2e édition. 1877. 15 fr.
Relié en demi-maroquin avec nerfs. 18 fr.

MAGY. **De la science et de la nature**, essai de philosophie première. 1 vol. in-8. 6 fr.

MARAIS (Aug.). **Garibaldi et l'armée des Vosges.** 1872, 1 vol. in-18. 1 fr. 50

MENIÈRE. **Cicéron médecin**, étude médico-littéraire. 1862, 1 vol. in-18. 4 fr. 50

MENIÈRE. **Les consultations de madame de Sévigné**, étude médico-littéraire. 1864, 1 vol. in-8. 3 fr.

MESMER. **Mémoires et aphorismes**, suivi des procédés de d'Eslon. Nouvelle édition, avec des notes, par J.-J.-A. RICARD. 1846, in-18. 2 fr. 50

MICHAUT (N.). **De l'imagination**. Études psychologiques. 1 vol. in-8 (1876).   5 fr.

MILSAND. **Les études classiques** et l'enseignement public. 1873, 1 vol. in-18.   3 fr. 50

MILSAND. **Le code et la liberté**. 1865, in-8.   2 fr.

MIRON. **De la séparation du temporel et du spirituel**. 1866, in-8.   3 fr. 50

MORIN. **Du magnétisme et des sciences occultes**. 1860, 1 vol. in-8.   6 fr.

MORIN (Frédéric). **Politique et philosophie**, précédé d'une introduction de M. JULES SIMON. 1 vol. in-18. 1876.   3 fr. 50

MUNARET. **Le médecin des villes et des campagnes**. 4e édition, 1862, 1 vol. grand in-18.   4 fr. 50

NOLEN (D.). **La critique de Kant et la métaphysique de Leibniz**, histoire et théorie de leurs rapports. 1 volume in-8 (1875).   6 fr.

NOURRISSON. **Essai sur la philosophie de Bossuet**. 1 vol. in-8.   4 fr.

OGER. **Les Bonaparte** et les frontières de la France. In-18. 50 c.

OGER **La République**. 1871, brochure in-8.   50 c.

OLLÉ-LAPRUNE. **La philosophie de Malebranche**. 2 vol. in-8.   16 fr.

PARIS (comte de). **Les associations ouvrières en Angleterre** (trades-unions). 1869, 1 vol. gr. in-8.   2 fr. 50
    Édition sur papier de Chine : Broché.   12 fr.
    ——   Reliure de luxe.   20 fr.

PENJON. **Berkeley**, sa vie et ses œuvres. In-8, 1878.   7 fr. 50

PEREZ (Bernard). **Les trois premières années de l'enfant**, étude de psychologie expérimentale. 1878, 1 vol.   3 fr. 50

PETROZ (P.). **L'art et la critique en France** depuis 1822. 1 vol. in-18. 1875.   3 fr. 50

POEY (André). **Le positivisme**. 1 fort vol. in-12 (1876). 4 fr. 50

PUISSANT (Adolphe). **Erreurs et préjugés populaires**. 1873, 1 vol. in-18.   3 fr. 50

Recrutement des armées de terre et de mer, loi de 1872. 1 vol. in-4.   12 fr.

Réorganisation des armées active et territoriale, lois de 1873-1875. 1 vol. in-4.   18 fr.

REYMOND (William). **Histoire de l'art**. 1874, 1 vol. in-8.   5 fr.

RIBOT (Paul). **Matérialisme et spiritualisme**. 1873, in-8. 6 fr.

SALETTA. **Principe de logique positive**, ou traité de scepticisme positif. Première partie (de la connaissance en général). 1 vol. gr. in-8.   3 fr. 50

SECRÉTAN. **Philosophie de la liberté**, l'histoire, l'idée. 3e édition, 1879, 2 vol. in-8.   10 fr.

SIEGFRIED (Jules). **La misère, son histoire, ses causes, ses remèdes.** 1 vol. grand in-18. 3ᵉ édition (1879).　　2 fr. 50

SIÈREBOIS. **Autopsie de l'âme.** Identité du matérialisme et du vrai spiritualisme. 2ᵉ édit. 1873, 1 vol. in-18.　　2 fr. 50

SIÈREBOIS. **La morale** fouillée dans ses fondements. Essai d'anthropodicée. 1867, 1 vol. in-8.　　6 fr.

SIÈREBOIS. **Psychologie réaliste.** Étude sur les éléments réels de l'âme et de la pensée. 1 vol. in-18 (1876).　　2 fr. 50

SMEE (A.). **Mon Jardin,** géologie, botanique, histoire naturelle. 1876, 1 magnifique vol. gr in-8, orné de 1300 fig. et 52 pl. hors texte, traduit de l'anglais par M. BARBIER. 1876. Broché. 15 fr.
Cartonnage riche, doré sur tranches.　　20 fr.

SOREL (ALBERT). **Le traité de Paris du 20 novembre 1815.** 1873, 1 vol. in-8.　　4 fr. 50

THULIÉ. **La folie et la loi.** 1867, 2ᵉ édit., 1 vol. in-8. 3 fr. 50

THULIÉ. **La manie raisonnante du docteur Campagne.** 1870, broch. in-8 de 132 pages.　　2 fr.

TIBERGHIEN. **Les commandements de l'humanité.** 1872, 1 vol. in-18.　　3 fr.

TIBERGHIEN. **Enseignement et philosophie.** In-18.　4 fr.

TISSANDIER. **Études de Théodicée.** 1869, in-8 de 270 p. 4 fr.

TISSOT. **Principes de morale,** leur caractère rationnel et universel, leur application. Couronné par l'Institut. In-8.　6 fr.

VAN DER REST. **Platon et Aristote.** Essai sur les commencements de la science politique. 1 fort vol. in-8 (1876). 10 fr.

VÉRA. **Strauss. L'ancienne et la nouvelle foi.** In-8. 6 fr.

VÉRA. **Cavour et l'Église libre dans l'État libre.** 1874, in-8.　　3 fr. 50

VÉRA. **L'Hegélianisme et la philosophie.** In-18. 3 fr. 50

VÉRA. **Mélanges philosophiques.** 1 vol. in-8, 1862.　5 fr.

VÉRA. **Platonis, Aristotelis et Hegelii de medio termino doctrina.** 1 vol. in-8. 1845.　　1 fr. 50

VILLIAUMÉ. **La politique moderne,** traité complet de politique. 1873, 1 beau vol. in-8.　　6 fr.

WEBER. **Histoire de la philosophie européenne.** 1878, 1 vol. in-8. 2ᵉ édition.　　10 fr.

YUNG (EUGÈNE). **Henri IV, écrivain.** 1 vol. in-8. 1855. 5 fr.

ZIMMERMANN. **De la solitude.** In-8.　　3 fr. 50

ENQUÊTE PARLEMENTAIRE SUR LES ACTES DU GOUVERNEMENT
DE LA DÉFENSE NATIONALE

DÉPOSITIONS DES TÉMOINS :

TOME PREMIER. Dépositions de MM. Thiers, maréchal Mac-Mahon, maréchal Le Bœuf, Benedetti, duc de Gramont, de Talhouët, amiral Rigault de Genouilly, baron Jérôme David, général de Palikao, Jules Brame, Dréolle, etc.

TOME II. Dépositions de MM. de Chaudordy, Laurier, Cresson, Dréo, Ranc, Rampout, Steenackers, Fernique, Robert, Schneider, Buffet, Lebreton et Hébert, Bellangé, colonel Alavoine, Gervais, Bécherelle, Robin, Muller, Boutefoy, Meyer, Clément et Simonnéau, Fontaine, Jacob, Lemaire, Petetin, Guyot-Montpayroux, général Soumain, de Legge, colonel Vabre, de Crisenoy, colonel Ibos, etc.

TOME III. Dépositions militaires de MM. de Freycinet, de Serres, le général Lefort, le général Ducrot, le général Vinoy, le lieutenant de vaisseau Farcy, le commandant Amet, l'amiral Pothuau, Jean Brunet, le général de Beaufort-d'Hautpoul, le général de Valdan, le général d'Aurelle de Paladines, le général Chanzy, le général Martin des Pallières, le général de Sonis, etc.

TOME IV. Dépositions de MM. le général Bordone, Mathieu, de Laborie, Luce-Villiard, Castillon, Debusschère, Darcy, Chenet, de La Taille, Baillehache, de Grancey, L'Hermite, Pradier, Middleton, Frédéric Morin, Thoyot, le maréchal Bazaine, le général Boyer, le maréchal Canrobert, etc. Annexe à la déposition de M. Testelin note de M. le colonel Denfert, note de la Commission, etc.

TOME V. Dépositions complémentaires et réclamations. — Rapports de la préfecture de police en 1870-1871. — Circulaires, proclamations et bulletins du Gouvernement de la Défense nationale. — Suspension du tribunal de la Rochelle; rapport de M. de La Borderie; dépositions.

ANNEXE AU TOME V. Deuxième déposition de M. Cresson. Événements de Nîmes, affaire d'Aïn Yagout. — Réclamations de MM. le général Bellot et Engelhart. — Note de la Commission d'enquête (1 fr.).

RAPPORTS :

TOME PREMIER. M. *Chaper*, les procès-verbaux des séances du Gouvernement de la Défense nationale. — M. *de Sugny*, les événements de Lyon sous le Gouv. de la Défense nat. — M. *de Rességuier*, les actes du Gouv. de la Défense nat. dans le sud-ouest de la France.

TOME II. M. *Saint-Marc Girardin*, la chute du second Empire. — M. *de Sugny*, les événements de Marseille sous le Gouv. de la Défense nat.

TOME III. M. *le comte Daru*, la politique du Gouvernement de la Défense nationale à Paris.

TOME IV. M. *Chaper*, de la Défense nat. au point de vue militaire à Paris.

TOME V. *Boreau-Lajanadie*, l'emprunt Morgan. — M. *de la Borderie*, le camp de Conlie et l'armée de Bretagne. — M. *de la Sicotière*, l'affaire de Dreux.

TOME VI. M. *de Rainneville*, les actes diplomatiques du Gouv. de la Défense nat. — M. *A. Lallié*, les postes et les télégraphes pendant la guerre. — M. *Delsol*. la ligne du Sud-Ouest. — M. *Perrot*, la défense en province. (1ᵉ *partie*.)

TOME VII. M. *Perrot*, les actes militaires du Gouv. la Défense nat. en province (2ᵉ *partie* : Expédition de l'Est).

TOME VIII. M. *de la Sicotière*, sur l'Algérie.

TOME IX. Algérie, dépositions des témoins. Table générale et analytique des dépositions des témoins avec renvoi aux rapports (10 fr.).

TOME X. M. *Boreau-Lajanadie*, le Gouvernement de la Défense nationale à Tours et à Bordeaux. (5 fr.).

PIÈCES JUSTIFICATIVES :

TOME PREMIER. Dépêches télégraphiques officielles, première partie.

TOME DEUXIÈME. Dépêches télégraphiques officielles, deuxième partie. — Pièces justificatives du rapport de M. Saint-Marc Girardin.

PRIX DE CHAQUE VOLUME. . . . . **15 fr.**
PRIX DE L'ENQUÊTE COMPLÈTE EN 18 VOLUMES. . . . **241 fr.**

Rapports sur les actes du Gouvernement de la Défense nationale, se vendant séparément :

LES ACTES DU GOUVERNEMENT

DE LA

DÉFENSE NATIONALE

(DU 4 SEPTEMBRE 1870 AU 8 FÉVRIER 1871)

ENQUÊTE PARLEMENTAIRE FAITE PAR L'ASSEMBLÉE NATIONALE
RAPPORTS DE LA COMMISSION ET DES SOUS-COMMISSIONS
TÉLÉGRAMMES
PIÈCES DIVERSES — DÉPOSITIONS DES TÉMOINS — PIÈCES JUSTIFICATIVES
TABLES ANALYTIQUE, GÉNÉRALE ET NOMINATIVE

7 forts volumes in-4. — Chaque volume séparément 16 fr.

L'ouvrage complet en 7 volumes : 112 fr.

Cette édition populaire réunit, en sept volumes avec une Table analytique par volume, tous les documents distribués à l'Assemblée nationale. — Une Table générale et nominative termine le 7e volume.

ENQUÊTE PARLEMENTAIRE

SUR

L'INSURRECTION DU 18 MARS

1° RAPPORTS. — 2° DÉPOSITIONS de MM. Thiers, maréchal Mac-Mahon, général Trochu, J. Favre, Ernest Picard, J. Ferry, général Le Flô, général Vinoy, colonel Lambert, colonel Gaillard, général Appert, Floquet, général Cremer, amiral Saisset, Schœlcher, amiral Pothuan, colonel Langlois, etc. — 3° PIÈCES JUSTIFICATIVES.

1 vol. grand in-4°. — Prix : 16 fr.

ŒUVRES

DE

EDGAR QUINET

Chaque volume se vend séparément.

Édition in-8 . . . . 6 fr. | Édition in-18. . . . . 3 fr. 50

I. — Génie des Religions. — De l'origine des Dieux. (Nouvelle édition.)

II. — Les Jésuites. — L'Ultramontanisme. — Introduction à la Philosophie de l'histoire de l'Humanité. (Nouvelle édition, avec préface inédite).

III. — Le Christianisme et la Révolution française. Examen de la Vie de Jésus-Christ, par STRAUSS. — Philosophie de l'histoire de France. (Nouvelle édition.)

IV. — Les Révolutions d'Italie. (Nouvelle édition.)

V. — Marnix de Sainte-Aldegonde. — La Grèce moderne et ses rapports avec l'Antiquité.

VI. — Les Romains. — Allemagne et Italie. — Mélanges.

VII. — Ashavérus. — Les Tablettes du Juif errant.

VIII. — Prométhée. — Les Esclaves.

IX. — Mes Vacances en Espagne. — De l'Histoire de la Poésie. — Des Épopées françaises inédites du XIIe siècle.

X. — Histoire de mes idées.

XI. — L'Enseignement du peuple. — La Révolution religieuse au XIXe siècle. — La Croisade romaine. — Le Panthéon. — Plébiscite et Concile. — Aux Paysans.

Viennent de paraître :

Correspondance. Lettres à sa mère. 2 vol. in-18. . . . 7 »

Les mêmes. 2 vol. in-8 . . . . 12 »

La révolution. 3 vol. in-18. . . . . 10 50

La campagne de 1815. 1 vol. in-18. . . . . 3 50

Merlin, l'enchanteur, avec une préface nouvelle, notes et commentaires, 1 vol. in-18. . . . . 7 fr.

    Ou 2 vol. in-8. . . . . 12 fr.

BIBLIOTHÈQUE UTILE

LISTE DES OUVRAGES PAR ORDRE DE MATIÈRES

Le vol. de 190 p., br. 60 cent. — Cart. à l'angl. 1 fr.

I. — HISTOIRE DE FRANCE

Buchez. Les Mérovingiens.

Buchez. Les Carlovingiens.

J. Bastide. Luttes religieuses des premiers siècles.

J. Bastide. Les Guerres de la Réforme.

F. Morin. La France au Moyen Age.

Fréd. Lock. Jeanne d'Arc.

Eug. Pelletan. Décadence de la monarchie française.

Carnot. La Révolution française, 2 vol.

Fréd. Lock. Histoire de la Restauration.

Alf. Donneaud. Histoire de la marine française.

E. Zevort. Histoire de Louis-Philippe.

II. — PAYS ETRANGERS.

E. Raymond. L'Espagne et le Portugal.
L. Collas. Histoire de l'empire ottoman.
L. Combes. La Grèce ancienne.
A. Ott. L'Asie occidentale et l'Egypte.
A. Ott. L'Inde et la Chine.
Ch. Rolland. Histoire de la maison d'Autriche.
Eug. Despois. Les Révolutions d'Angleterre.
H. Blerzy. Les colonies anglaises.

III. — PHILOSOPHIE.

Enfantin. La Vie éternelle.
Eug. Noël. Voltaire et Rousseau.
Léon Brothier. Histoire populaire de la philosophie.
Victor Meunier. La Philosophie zoologique.
Zaborowski. L'origine du langage.

IV. — DROIT.

Morin. La Loi civile en France.
G. Jourdan. La Justice criminelle en France.

V. — SCIENCES.

Benj. Gastineau. Le Génie de la science.
Zurcher et Margollé. Télescope et Microscope.
Zurcher. Les Phénomènes de l'atmosphère.
Morand. Introduction à l'étude des sciences physiques.
Cruvellhier. Hygiène générale.
Brothier. Causeries sur la mécanique.
Brothier. Histoire de la terre.
Sanson. Principaux faits de la chimie.
Turck. Médecine populaire.
Catalan. Notions d'astronomie (avec figures).
E. Margollé. Les Phénomènes de la mer.
Ch. Richard. Origines et Fins des mondes.
Zaborowski. L'Homme préhistorique.
H. Blerzy. Torrents, Fleuves et Canaux de la France.
P. Secchi, Wolf et Briot. Le Soleil, les Étoiles et les Comètes
   (avec figures).
Em. Ferrière. Le Darwinisme.
Boillot. Les Entretiens de Fontenelle sur la pluralité des mondes.
Geikie. Géographie physique (avec figures).
Albert Lévy. Histoire de l'air (avec figures).

VI. — ENSEIGNEMENT. — ÉCONOMIE POLITIQUE. — ARTS.

Corbon. L'Enseignement professionnel.
Cristal. Les Délassements du travail.
H. Leneveux. Le Budget du foyer.
H. Leneveux. Paris Municipal.
Laurent Pichat. L'Art et les Artistes en France.
Stanley Jevons. L'Economie politique.

REVUE
Politique et Littéraire

(Revue des cours littéraires, 2ᵉ série.)

REVUE
Scientifique

(Revue des cours scientifiques, 2ᵉ série.)

Directeurs : MM. Eug. YUNG et Ém. ALGLAVE

La septième année de la **Revue des Cours littéraires** et de la **Revue des Cours scientifiques**, terminée à la fin de juin 1871, clôt la première série de cette publication.

La deuxième série a commencé le 1ᵉʳ juillet 1871, et depuis cette époque chacune des années de la collection commence à cette date. Des modifications importantes ont été introduites dans ces deux publications.

REVUE POLITIQUE ET LITTÉRAIRE

La *Revue politique* continue à donner une place aussi large à la littérature, à l'histoire, à la philosophie, etc.; mais elle a agrandi son cadre, afin de pouvoir aborder en même temps la politique et les questions sociales. En conséquence, elle a augmenté de moitié le nombre des colonnes de chaque numéro (48 colonnes au lieu de 32).

Chacun des numéros, paraissant le samedi, contient régulièrement :

Une *Semaine politique* et une *Causerie politique*, où sont appréciés, à un point de vue plus général que ne peuvent le faire les journaux quotidiens, les faits qui se produisent dans la politique intérieure de la France, discussions de l'Assemblée, etc.

Une *Causerie littéraire* où sont annoncés, analysés et jugés les ouvrages récemment parus : livres, brochures, pièces de théâtre importantes, etc.

Tous les mois la *Revue politique* publie un *Bulletin géographique* qui expose les découvertes les plus récentes et apprécie les ouvrages géographiques nouveaux de la France et de l'étranger. Nous n'avons pas besoin d'insister sur l'importance extrême qu'a prise la géographie depuis que les Allemands en ont fait un instrument de conquête et de domination.

De temps en temps une *Revue diplomatique* explique, au point de vue français, les événements importants survenus dans les autres pays.

On accusait avec raison les Français de ne pas observer avec assez d'attention ce qui se passe à l'étranger. La *Revue* remédie à ce défaut. Elle analyse et traduit les livres, articles, discours ou conférences qui ont pour auteurs les hommes les plus éminents des divers pays.

Comme au temps où ce recueil s'appelait *la Revue des cours littéraires* (1864-1870), il continue à publier les principales leçons du Collége de France, de la Sorbonne et des Facultés des départements.

Les ouvrages importants sont analysés, avec citations et extraits, dès le lendemain de leur apparition. En outre, la *Revue politique* publie des articles spéciaux sur toute question que recommandent à l'attention des lecteurs, soit un intérêt public, soit des recherches nouvelles.

Parmi les collaborateurs nous citerons :

Articles politiques. — MM. de Pressensé, Ch. Bigot, Anat. Dunoyer, Anatole Leroy-Beaulieu, Clamageran.

Diplomatie et pays étrangers. — MM. Van den Berg, Albert Sorel, Reynald, Léo Quesnel, Louis Leger, Jezierski.

Philosophie. — MM. Janet, Caro, Ch. Lévêque, Véra, Th. Ribot, E. Boutroux, Nolen, Huxley.

Morale. — MM. Ad. Franck, Laboulaye, Legouvé, Bluntschli.

Philologie et archéologie. — MM. Max Müller, Eugène Benoist, L. Havet, E. Ritter, Maspéro, George Smith.

Littérature ancienne. — MM. Egger, Havet, George Perrot, Gaston Boissier, Geffroy.

Littérature française. — MM. Ch. Nisard, Lénient, Édouard Fournier, Bersier, Gidel, Jules Claretie, Paul Albert.

Littérature étrangère. — MM. Mézières, Büchner, P. Stapfer.

Histoire. — MM. Alf. Maury, Littré, Alf. Rambaud, G. Monod.

Géographie, Economie politique. — MM. Levasseur, Himly, Vidal-Lablache, Gaidoz, Alglave.

Instruction publique. — Madame C. Coignet, MM. Buisson, Em. Beaussire.

Beaux-arts. — MM. Gebhart, Justi, Schnaase, Vischer, Ch. Bigot.

Critique littéraire. — MM. Maxime Gaucher, Paul Albert.

Notes et impressions. — MM. Clément Caraguel et Louis Ulbach.

Ainsi la *Revue politique* embrasse tous les sujets. Elle consacre à chacun une place proportionnée à son importance. Elle est, pour ainsi dire, une image vivante, animée et fidèle de tout le mouvement contemporain.

REVUE SCIENTIFIQUE

Mettre la science à la portée de tous les gens éclairés sans l'abaisser ni la fausser, et, pour cela, exposer les grandes découvertes et les grandes théories scientifiques par leurs auteurs mêmes ;

Suivre le mouvement des idées philosophiques dans le monde savant de tous les pays ;

Tel est le double but que la *Revue scientifique* poursuit depuis dix ans avec un succès qui l'a placée au premier rang des publications scientifiques d'Europe et d'Amérique.

Pour réaliser ce programme, elle devait s'adresser d'abord aux Facultés françaises et aux Universités étrangères qui comptent dans leur sein presque tous les hommes de science éminents. Mais, depuis deux années déjà, elle a élargi son cadre afin d'y faire entrer de nouvelles matières.

En laissant toujours la première place à l'enseignement supérieur proprement dit, la *Revue scientifique* ne se restreint plus désormais aux leçons et aux conférences. Elle poursuit tous les développements de la science sur le terrain économique, industriel, militaire et politique.

Elle publie les principales leçons faites au Collége de France, au Muséum d'histoire naturelle de Paris, à la Sorbonne, à l'Institution royale de Londres, dans les Facultés de France, les universités d'Allemagne, d'Angleterre, d'Italie, de Suisse, d'Amérique, et les institutions libres de tous les pays.

Elle analyse les travaux des Sociétés savantes d'Europe et d'Amérique, des Académies des sciences de Paris, Vienne, Berlin, Munich, etc., des Sociétés royales de Londres et d'Édimbourg, des Sociétés d'anthropologie, de géographie, de chimie, de botanique, de géologie, d'astronomie, de médecine, etc.

Elle expose les travaux des grands congrès scientifiques, les Associations *française, britannique* et *américaine*, le Congrès des naturalistes allemands, la Société helvétique des sciences naturelles, les congrès internationaux d'anthropologie préhistorique, etc.

Enfin, elle publie des articles sur les grandes questions de philosophie naturelle, les rapports de la science avec la politique, l'industrie et l'économie sociale, l'organisation scientifique des divers pays, les sciences économiques et militaires, etc.

Parmi les collaborateurs nous citerons :

Astronomie, météorologie. — MM. Faye, Balfour-Stewart, Janssen, Normann Lockyer, Vogel, Laussedat, Thomson, Rayet, Briot, A. Herschel, etc.

Physique. — MM. Helmholtz, Tyndall, Desains, Mascart, Carpenter, Gladstone, Fernet, Bertin.

Chimie. — MM. Wurtz, Berthelot, H. Sainte-Claire Deville, Pasteur, Grimaux, Jungfleisch, Odling, Dumas, Troost, Peligot, Cahours, Friedel, Frankland.

Géologie. — MM. Hébert, Bleicher, Fouqué, Gaudry, Ramsay, Sterry-Hunt, Contejean, Zittel, Wallace, Lory, Lyell, Daubrée.

Zoologie. — MM. Agassiz, Darwin, Haeckel, Milne Edwards, Perrier, P. Bert, Van Beneden, Lacaze-Duthiers, Giard, A. Moreau, E. Blanchard.

Anthropologie. — MM. Broca, de Quatrefages, Darwin, de Mortillet, Virchow, Lubbock, K. Vogt.

Botanique. — MM. Baillon, Cornu, Faivre, Spring, Chatin, Van Tieghem, Duchartre.

Physiologie, anatomie. — MM. Chauveau, Charcot, Moleschott, Onimus, Ritter, Rosenthal, Wundt, Pouchet, Ch. Robin, Vulpian, Virchow, P. Bert, du Bois-Reymond, Helmholtz, Marey, Brücke.

Médecine. — MM. Chauffard, Chauveau, Cornil, Gubler, Le Fort, Verneuil, Broca, Liebreich, Lasègue, G. Sée, Bouley, Giraud-Teulon, Bouchardat, Lépine.

Sciences militaires. — MM. Laussedat, Le Fort, Abel, Jervois, Morin, Noble, Reed, Usquin, X***.

Philosophie scientifique. — MM. Alglave, Bagehot, Carpenter, Hartmann, Herbert Spencer, Lubbock, Tyndall, Gavarret, Ludwig, Ribot.

Prix d'abonnement :

Une seule Revue séparément	Six mois.	Un an.	Les deux Revues ensemble	Six mois.	Un an.
Paris	12ᶠ	20ᶠ	Paris	20ᶠ	36
Départements.	15	25	Départements.	25	42
Étranger.	18	30	Étranger.	30	50

L'abonnement part du 1ᵉʳ juillet, du 1ᵉʳ octobre, du 1ᵉʳ janvier et du 1ᵉʳ avril de chaque année.

Chaque volume de la première série se vend : broché...... 15 fr.
relié........ 20 fr.
Chaque année de la 2ᵉ série, formant 2 vol., se vend : broché.. 20 fr.
relié.... 25 fr.

Port des volumes à la charge du destinataire.

Prix de la collection de la première série :

Prix de la collection complète de la *Revue des cours littéraires* ou de la *Revue des cours scientifiques* (1864-1870), 7 vol. in-4. 105 fr.

Prix de la collection complète des deux *Revues* prises en même temps, 14 vol. in-4............ 182 fr.

Prix de la collection complète des deux séries :

Revue des cours littéraires et *Revue politique et littéraire*, ou *Revue des cours scientifiques* et *Revue scientifique* (décembre 1863 — janvier 1879), 22 vol. in-4............ 255 fr.

La *Revue des cours littéraires* et la *Revue politique et littéraire*, avec la *Revue des cours scientifiques* et la *Revue scientifique*, 44 volumes in-4............ 452 fr.

REVUE PHILOSOPHIQUE
DE LA FRANCE ET DE L'ETRANGER
Paraissant tous les mois

Dirigée par TH. RIBOT

Agrégé de philosophie, Docteur ès lettres

(4ᵉ année, 1879.)

La REVUE PHILOSOPHIQUE paraît tous les mois, depuis le 1ᵉʳ janvier 1876, par livraisons de 6 à 7 feuilles grand in-8, et forme ainsi à la fin de chaque année deux forts volumes d'environ 680 pages chacun.

CHAQUE NUMÉRO DE LA *REVUE* CONTIENT :

1º Plusieurs articles de fond ; 2º des analyses et comptes rendus des nouveaux ouvrages philosophiques français et étrangers ; 3ª un compte rendu aussi complet que possible des *publications périodiques* de l'étranger pour tout ce qui concerne la philosophie ; 4º des notes, documents, observations, pouvant servir de matériaux ou donner lieu à des vues nouvelles.

Prix d'abonnement :

Un an, pour Paris............................	30 fr.
— pour les départements et l'étranger........	33 fr.
La livraison.................................	3 fr.

REVUE HISTORIQUE
Paraissant tous les deux mois

Dirigée par MM. GABRIEL MONOD et GUSTAVE FAGNIEZ

(4ᵉ année, 1879.)

La REVUE HISTORIQUE paraît tous les deux mois, depuis le 1ᵉʳ janvier 1876, par livraisons grand in-8 de 15 à 16 feuilles, de manière à former à la fin de l'année trois beaux volumes de 500 pages chacun.

CHAQUE LIVRAISON CONTIENT :

I. Plusieurs *articles de fond*, comprenant chacun, s'il est possible, un travail complet. II. Des *Mélanges et Variétés*, composés de documents inédits d'une étendue restreinte et de courtes notices sur des points d'histoire curieux ou mal connus. III. Un *Bulletin historique* de la France et de l'étranger, fournissant des renseignements aussi complets que possible sur tout ce qui touche aux études historiques. IV. Une *analyse des publications périodiques* de la France et de l'étranger, au point de vue des études historiques. V. Des *Comptes rendus critiques* des livres d'histoire nouveaux.

Prix d'abonnement :

Un an, pour Paris............................	30 fr.
—. pour les départements et l'étranger........	33 fr.
La livraison.................................	6 fr.

14164 — PARIS. — IMPRIMERIE E. MARTINET, RUE MIGNON, 2

LIBRAIRIE GERMER BAILLIÈRE

JOURNAL

DE

L'ANATOMIE ET DE LA PHYSIOLOGIE

NORMALES ET PATHOLOGIQUES

DE L'HOMME ET DES ANIMAUX

Dirigé par M. CHARLES ROBIN,

Professeur à la Faculté de médecine de Paris.

Paraissant tous les deux mois par fascicule de 7 feuilles avec planches.

Un an, pour la France........ 20 francs.
— pour l'étranger........ 24 —

LE

COURRIER DES SCIENCES

DE L'INDUSTRIE ET DE L'AGRICULTURE

REVUE HEBDOMADAIRE UNIVERSELLE

Rédigé par M. Victor MEUNIER,

Les abonnements partent du 1er janvier et du 1er juillet.

PRIX DE L'ABONNEMENT PAR AN :

Paris........................ 12 francs.
Départements................. 15 —
Étranger..................... 18 —

Le journal a commencé au mois de septembre 1863. Le volume, commençant en septembre 1863 et finissant au 1er janvier 1864, coûte 5 francs.

REVUE DES COURS LITTÉRAIRES

Littérature. — Philosophie. — Théologie. — Éloquence. — Histoire. — Législation. — Esthétique. — Archéologie.

REVUE DES COURS SCIENTIFIQUES

Physique. — Chimie. — Botanique. — Zoologie. — Anatomie. Physiologie. — Géologie. — Paléontologie. — Médecine.

Ces deux journaux reproduisent les cours des Facultés de Paris, des départements et de l'étranger, et paraissent tous les samedis depuis le 5 décembre 1863.

On peut s'abonner séparément à la partie littéraire ou à la partie scientifique.

PRIX DE CHAQUE JOURNAL ISOLÉMENT.

	Six mois.	Un an.
Paris................	8 fr.	15 fr.
Départements..........	10	18
Étranger.	12	20

PRIX DES DEUX JOURNAUX RÉUNIS.

Paris................	15 fr.	26 fr.
Départements..........	18	30
Étranger.............	20	35

L'abonnement part du 1er décembre et du 1er juin de chaque année.

Paris. — Imprimerie de E. MARTINET, rue Mignon, 2.

www.ingramcontent.com/pod-product-compliance
Lightning Source LLC
Chambersburg PA
CBHW071656200326
41519CB00012BA/2524